AFRIKA-STUDIEN Nr. 6

AF867111

Die Schriftenreihe „Afrika-Studien" wird herausgegeben vom Ifo-Institut für Wirtschaftsforschung e. V. München in Verbindung mit

Prof. Dr. Heinrich Kraut, Dortmund
Prof. Dr. Dr. h. c. Rudolf Stucken, Erlangen
Prof. Dr. Hans Wilbrandt, Göttingen
Prof. Dr. Emil Woermann, Göttingen

Gesamtredaktion:

Dr. phil. Wilhelm Marquardt, München,
Afrika-Studienstelle im Ifo-Institut

Dr. agr. Hans Ruthenberg, Göttingen,
Institut für ausländische Landwirtschaft

IFO-INSTITUT FÜR WIRTSCHAFTSFORSCHUNG
AFRIKA-STUDIENSTELLE

Die politische und wirtschaftliche Rolle der asiatischen Minderheit in Ostafrika

(Kenya, Tanganyika/Sansibar, Uganda)

Von

INDIRA ROTHERMUND

Mit einer Karte

SPRINGER-VERLAG
BERLIN · HEIDELBERG · NEW YORK
1965

GEFÖRDERT VON DER FRITZ THYSSEN-STIFTUNG, KÖLN

ISBN-13: 978-3-540-03250-2 e-ISBN-13: 978-3-642-99883-6
DOI: 10.1007/978-3-642-99883-6

Alle Rechte, insbesondere das der Übersetzung in fremde Sprachen, vorbehalten.
Ohne ausdrückliche Genehmigung des Verlags ist es auch nicht gestattet, dieses Buch oder Teile daraus auf photomechanischem Wege (Photokopie, Mikrokopie) oder auf andere Art zu vervielfältigen.
© by Springer-Verlag Berlin - Heidelberg 1965
Library of Congress Catalog Card Number 65-28081

Titel-Nr. 7316

Zur Einführung

Die „indische“ Frage in Ostafrika hat bevölkerungs- und wirtschaftspolitisch angesichts der Veränderungen, die sich in diesem Raum während der letzten zehn Jahre anbahnten, eine besondere Aktualität erreicht. Beschäftigt man sich ernsthaft mit den Problemen der über 300 000 Asiaten in diesem Raum, so entdeckt man hinter den speziellen Fragestellungen schnell den allgemeinen menschlichen Hintergrund des Problems. Man stößt auf grundsätzliche Fragen der Soziologie der Minderheiten, des Zusammenlebens von Menschen verschiedener Rasse und Sprache. Die Problematik der geldwirtschaftlichen Durchdringung von Ländern, die im Begriff sind, sich aus der reinen Tausch- und Subsistenzwirtschaft zu lösen, steht vor uns auf. Und Erscheinungen des gesellschaftlichen und politischen Pluralismus verlangen eine Antwort von uns.

So wirft das Studium der rassischen Minderheiten in Ostafrika sehr bald Fragen auf, die weit über den gesteckten regionalen Raum hinausführen und grundsätzliche Bedeutung gewinnen. Eine befriedigende Antwort auf diese Fragen wird in vielen Fällen nur in einer interdisziplinären Zusammenarbeit zu finden sein — ein Grund mehr für die Herausgeber der Afrika-Studien, diese Problematik aufzugreifen, ganz im Sinne unserer allgemeinen Forschungsziele.

Wenn Frau Dr. Indira Rothermund als Inderin mit der Aufgabe betraut wurde, die Situation der „Inder“ in Ostafrika unter den veränderten politischen Verhältnissen der letzten Jahre zu umreißen, so geschah dies im vollen Bewußtsein des Risikos, das darin liegt, jemanden gleichsam zum Richter in eigener Sache aufzurufen. Andererseits bringt die Verfasserin für diese schwierige Aufgabe wissenschaftliche und menschliche Qualifikationen mit, die ihr den Zugang zum asiatischen Menschen in Kenya, Tanganyika und Uganda erleichtert haben, die gleichzeitig aber auch dafür Sorge trugen, daß der Inhalt der zahlreichen Gespräche und die vielfältigen Eindrücke in Ostafrika sich im gedruckten Wort erst niederschlugen, nachdem sie zuvor den kritischen Filter des Wissenschaftlers passiert hatten.

So scheint uns die Verfasserin ihre delikate Aufgabe in der relativ kurzen Zeit, die ihr zur Verfügung stand, in einer Weise gelöst zu haben, die bei einem unvoreingenommenen Leser kaum Widerspruch hervorrufen wird. Ihrem informativen Gehalt nach dürfte diese Bestandsaufnahme mehr sein als eine „Vorstudie“, wie dies die Verfasserin in aller Bescheidenheit auf dem Manuskript vermerkte. Wir würden uns freuen, wenn der Leser dieses Heftes zu dem gleichen Urteil käme.

Dr. Wilhelm Marquardt
Leiter der Afrika-Studienstelle
im Ifo-Institut

Prof. Dr. Hans Langelütke
Vorsitzender des Vorstandes
des Ifo-Instituts

Vorwort

Der vorliegende Bericht wurde im Auftrag des Ifo-Instituts für Wirtschaftsforschung, München, geschrieben. Ein Studienaufenthalt in Ostafrika (Kenya, Tanganyika, Uganda) vom 12. August bis 2. Oktober 1964 diente dazu, die Auskünfte einzuholen, die in diesem Bericht verwertet worden sind. Es wurden mehr als 70 prominente Vertreter der asiatischen Minderheit Ostafrikas und eine Reihe afrikanischer Politiker interviewt.

Der Bericht erhebt keinen Anspruch darauf, einen vollständigen Überblick oder ein abschließendes Urteil zu liefern. Er ist in erster Linie geschrieben worden, um jenen, die sich mit verschiedenen Studien zur Politik und Wirtschaft Ostafrikas beschäftigen, ein besseres Verständnis der Struktur und der Probleme der asiatischen Minderheit zu vermitteln und zugleich Anregungen für weitere Forschungsarbeiten zu geben.

Im ersten Kapitel werden an Hand der Bevölkerungsstatistiken einige Angaben über die zahlenmäßigen Größenordnungen und die Verbreitung der Asiaten in Ostafrika gemacht. Das zweite Kapitel enthält eine Übersicht der wichtigsten Gruppen der asiatischen Minderheit. Eine Kenntnis dieser Unterschiede ist zum Verständnis der wirtschaftlichen und politischen Rolle der Minderheit unerläßlich. Im dritten Kapitel werden die verschiedenen Aspekte der Rolle der asiatischen Bevölkerung in der Wirtschaft Ostafrikas behandelt. Das vierte Kapitel ist der politischen Stellung der Minderheit gewidmet. Die Unterschiede der drei politischen Systeme und die Frage der Staatsangehörigkeit sind hierbei besonders betont worden.

Nach dieser Darstellung der Rolle der Minderheit in Wirtschaft und Politik werden im fünften Kapitel die gegenwärtigen Forschungsprojekte genannt. Abschließend folgen Vorschläge für weitere Forschungen in Anlehnung an die Gliederung der vorangegangenen Kapitel (Demographie, Gruppenstruktur, Wirtschaft, Politik). Es ist zu hoffen, daß diese Anregungen bald aufgegriffen werden und zu einer Reihe weiterer Forschungsarbeiten Anlaß geben.

Für die Übersetzung des Berichts und die Mitarbeit an zahlreichen Interviews danke ich meinem Mann, DIETMAR ROTHERMUND. Der Thyssen-Stiftung und Herrn Dr. MARQUARDT gebührt mein Dank für die Förderung dieser Arbeit. Es sei hier auch allen denen gedankt, die durch Rat und Hinweise, gastfreundliche Aufnahme und offene Gespräche zu diesem Bericht beigetragen haben.

New Delhi, im Dezember 1964 INDIRA ROTHERMUND

Überblick über das Afrika-Forschungsprogramm

Das gesamte Forschungsprogramm umfaßte nach dem Stand Ende Juli 1965 die nachfolgend genannten Untersuchungen gesamtwirtschaftlicher und einzelwirtschaftlicher Art. Zur Unterrichtung über Änderungen und Ergänzungen sowie über den Gang der Veröffentlichung bringt jedes Heft der „Afrika-Studien" eine Übersicht über das Gesamtprogramm.

Gesamtwirtschaftliche Studien

a) Tropisch-Afrika

N. AHMAD/E. BECHER, Entwicklungsbanken und -gesellschaften in Tropisch-Afrika (erschienen als Heft 1)

R. GÜSTEN/H. HELMSCHROTT, Volkswirtschaftliche Gesamtrechnung in Tropisch-Afrika (erschienen als Heft 3)

N. AHMAD/E. BECHER/E. HARDER, Wirtschaftsplanung und Entwicklungspläne in Tropisch-Afrika (abgeschlossen)

b) Ostafrika

L. SCHNITTGER, Steuersysteme und Steuerpolitik als Mittel der wirtschaftlichen Entwicklung in Ostafrika (abgeschlossen)

P. v. MARLIN, Die Bedeutung der Außenwirtschaft für die wirtschaftliche Entwicklung Ostafrikas (in Bearbeitung)

R. VENTE, Methoden und Ergebnisse der Wirtschaftsplanung in Ostafrika (in Bearbeitung)

F. GOLL, Die Hilfe Israels für Entwicklungsländer unter besonderer Berücksichtigung Ostafrikas (in Bearbeitung)

Landwirtschaftliche Studien

a) Tropisch-Afrika

A. REITHINGER, Möglichkeiten der Diversifizierung der Agrarproduktion in Tropisch-Afrika (v. Abschluß)

(Versch.), Die Auswirkungen der EWG-Agrarmarktordnung auf die Exportmöglichkeiten der Entwicklungsländer (als Manuskript vervielfältigt)

H. PÖSSINGER, Stand und Problematik der landwirtschaftlichen Entwicklung in Portugiesisch-Afrika (abgeschlossen)

b) Ostafrika

1. Zusammenfassende Rahmenuntersuchungen

H. Ruthenberg, Agricultural Development in Tanganyika (erschienen als Heft 2)

ders., Die bäuerliche Produktion in Kenya und Maßnahmen zu ihrer Förderung (abgeschlossen)

2. Botanische, tierzüchterische und ökonomische Fragen der Rinderhaltung in Ostafrika

H. Leippert, Die natürlichen Pflanzengesellschaften in den Trockengebieten Ostafrikas (i. Bearbeitung)

K. Meyn, Die Fleischproduktion in den Trockengebieten Ostafrikas (i. Bearbeitung)

N. Newiger, Gemeinschaftliche Formen der Viehhaltung (und des Ackerbaus) in Ostafrika (in Bearbeitung)

E. Raddatz, Die Organisation der afrikanischen Bauernbetriebe mit Milchviehhaltung in Kenya (i. Bearbeitung)

H. Klemm, Die Organisation der Milchmärkte Ostafrikas (in Bearbeitung)

3. Die Organisation bäuerlicher Betriebssysteme in Ostafrika

D. v. Rotenhan, Die Organisation der Bodennutzung im Sukumaland (Baumwolle) (abgeschlossen)

H. Pössinger, Möglichkeiten und Grenzen des Bauernsisal in Ostafrika (abgeschlossen)

S. Groeneveld, Die Organisation der Rinder-Kokospalmen-Betriebe bei Tanga (i. Bearbeitung)

W. Scheffler/A. v. Gagern, Betriebswirtschaftliche und soziologische Probleme der bäuerlichen Tabakproduktion in Tanganyika (i. Bearbeitung)

K. Friedrich/H. Jürgens, Die Organisation der Bodennutzung und Viehhaltung im Kaffee-Anbaugebiet bei Bukoba/Tanganyika (i. Bearbeitung)

E. Baum, Die bäuerliche Betriebsstruktur im Kilombero-Tal (i. Bearbeitung)

4. Sonstige Untersuchungen im Zusammenhang mit der landwirtschaftlichen Entwicklung

M. Paulus, Die Rolle der Genossenschaften in der wirtschaftlichen Entwicklung Ostafrikas, speziell Tanganyikas (abgeschlossen)

M. Attems/W. Popleau/Chr. Schlage, Zusammenhänge zwischen Gesundheit, Ernährung und landwirtschaftlicher Entwicklung. Drei Fallstudien aus den Usambara-Bergen/Tanzania (in Bearbeitung)

F. Dieterlen/P. Kunkel, Tropische Nagetiere und Vögel als Schädlinge in der Landwirtschaft (i. Bearbeitung)

W. Kühme, Tierverhaltensforschung in der Serengeti (abgeschlossen)

Studien über Handel und Gewerbe

H. KAINZBAUER, Der Handel in der wirtschaftlichen Entwicklung Tanganyikas (i. Bearbeitung)

K. SCHÄDLER, Das Handwerk in der wirtschaftlichen Entwicklung Tanganyikas (i. Vorbereitung)

Soziologische Studien

A. MOLNOS, Die sozialwissenschaftliche Erforschung Ostafrikas 1954—1963 (erschienen als Heft 5)

A. MOLNOS, Die Rolle der Frau in der wirtschaftlichen und sozialen Entwicklung Ostafrikas (in Bearbeitung)

O. RAUM, Die Anpassungsbereitschaft und -fähigkeit des Afrikaners an die moderne Wirtschaft, untersucht für das Kilombero-Tal/Tanganyika (i. Bearbeitung)

O. NEULOH u. Mitarb., Der Afrikaner als Industriearbeiter in Ostafrika (in Bearbeitung)

I. ROTHERMUND, Die politische und wirtschaftliche Rolle der asiatischen Minderheit in Ostafrika (Heft 6)

Rechtswissenschaftliche Studien

H. FLIEDNER, Bodenrechtsformen in Kenya in ihren ökonomischen und sozialen Auswirkungen (im Druck als Heft 7)

H. KRAUSS, Die moderne Bodengesetzgebung in Kamerun (abgeschlossen)

CHR. STUBENRAUCH, Der Stand der Rechtsetzung in Ostafrika (in Bearbeitung)

Regional-Studien verschiedener Art

W. MARQUARDT, Natur, Mensch und Wirtschaft in ihren Wechselbeziehungen am Beispiel Madagaskars (i. Bearbeitung)

R. GÜSTEN, Problems of Economic Development of the Sudan (abgeschlossen)

H.-O. NEUHOFF, Die Rohstoffwirtschaft in der Entwicklungsplanung der Republik Gabun (v. Abschluß)

H. JÜRGENS, Beiträge zur Binnenwanderung und Bevölkerungsentwicklung in Liberia (erschienen als Heft 4)

H. D. LUDWIG, Ukara — eine wirtschaftsgeographische Entwicklungsstudie (i. Bearbeitung)

R. JÄTZOLD, Wirtschaftsgeographische Studien im Kilombero-Tal/Tanganyika (in Bearbeitung)

Bibliographien

D. MEZGER/E. LITTICH, Die neuere englische und amerikanische Wirtschaftsforschung in Ostafrika. Eine ausgewählte Bibliographie (i. Bearbeitung)

A. MOLNOS, s. o. unter Soziologische Studien

Inhaltsverzeichnis

A. Benennung und Verteilung der asiatischen Minderheit in Ostafrika

I. Die Bezeichnung „Asian"

Die Bezeichnung „Asian" bezieht sich in Ostafrika auf die Einwanderer aus dem indischen Subkontinent. Vor der Teilung Indiens im Jahre 1947 sprach man daher von einer indischen Minderheit. Mit der Gründung Pakistans kam die Frage auf, mit welchem der beiden Staaten, Indien oder Pakistan, sich die mohammedanischen Einwanderer Ostafrikas identifizieren würden. Die Spannungen und politischen Entwicklungen, die zur Teilung Indiens geführt hatten, waren für die Minderheit in Ostafrika kaum relevant. Unter kolonialer Herrschaft blieben die Einwanderer nach wie vor britische Untertanen (genauer: British protected persons). Sie konnten sich daher im politischen Sinne nicht als „Inder" oder „Pakistaner" bezeichnen. Da die Bezeichnung „Inder", die bisher nur auf die Abstammung und den kulturellen Zusammenhang hinwies, nun eine politische Identifikation beinhaltete, mußte sie zugunsten einer weiterreichenden Bezeichnung der Abstammung aufgegeben werden, und so ergab sich die Bezeichnung „Asian". In Kenya jedoch, wo getrennte Wählerschaften eingeführt waren, bestanden die alte und die neue Bezeichnung nebeneinander. Der Kenya Indian Congress und die verschiedenen örtlichen Indian Associations behielten ihre Namen bei; daneben entstand eine Moslem Liga, die übrigens den Versuch machte, auch afrikanische Mohammedaner in ihre Reihen aufzunehmen. Bei allen statistischen Erhebungen und Umfragen etc. verwandte man aber auch in Kenya den Begriff „Asian".

Eine weitere terminologische Schwierigkeit ergibt sich bei der Einstufung der goanesischen Einwanderer, die fast ausschließlich dem katholischen Bevölkerungsteil Goas angehören und sich weitgehend mit Portugal identifizierten; eine Reihe von ihnen besaß sogar portugiesische Pässe. Viele von ihnen betrachten die Bezeichnung „Asian" für ihre Gruppe als unzutreffend, und die Kolonialregierung hat dementsprechend die „Goans" als eine Kategorie für sich behandelt. In vielen Statistiken und Veröffentlichungen treten sie daher neben den „Asians" als Sondergruppe auf. In manchen anderen Übersichten wiederum sind sie nicht zu finden, und man muß annehmen, daß sie in solchen Fällen zu den „Asians" gezählt werden. In den folgenden Ausführungen werden die Goanesen zu der asiatischen Minderheit gerechnet.

II. Größenordnung und Verteilung der asiatischen Minderheit

Es gibt in den drei ostafrikanischen Staaten Kenya, Tanganyika-Sansibar und Uganda rd. 350 000 Asiaten. Etwa die Hälfte dieser Zahl entfällt auf Kenya. Der Anteil der asiatischen Minderheit an der Gesamtbevölkerung beträgt in Kenya rd. 2 vH, in Tanganyika-Sansibar und Uganda je etwa 1 vH. Die letzten verfügbaren Zahlen lauten: Kenya 180 000, Tanganyika 90 000, Uganda 82 000 Asiaten [1].

Tabelle 1. *Gliederung der Bevölkerung Ostafrikas nach Rassen*
Schätzung 1963 in 1000

Land	Afrikaner	Europäer	Asiaten	Araber und andere	Insgesamt
Kenya	8 575	53	180	39	8 847
Uganda	7 093	10	82	5	7 190
Tanganyika . . .	9 656	21	90	30	9 798
Zusammen . . .	25 324	84	352	74	25 835

Quelle: The East African Statistical Department, Economic and Statistical Review, Nr. 11, Juni 1964, S. 5.

Die asiatische Bevölkerung ist jedoch nicht gleichmäßig über das ganze Land verteilt, sondern hauptsächlich in den Städten konzentriert, die zum größten Teil von dieser Minderheit geprägt sind. So leben z. B. in den 6 größten Städten Kenyas 90 vH der asiatischen Bevölkerung des Landes (1962: 158 818 Personen). Rund die Hälfte der Asiaten hat sich in der größten Stadt, in Nairobi, niedergelassen, wo ihr Anteil an der Gesamtbevölkerung rund ein Drittel erreicht.

Ein ähnliches Bild erhalten wir bei einer Aufgliederung der Bevölkerung in den Städten Ugandas und Tanganyikas: In den 6 größten Städten Tanganyikas lebten 1957 47 425 Asiaten, d. s. rd. 61 vH aller Asiaten,

[1] Die Zahlenangaben in den folgenden Abschnitten beruhen auf folgenden Quellen: Government of Kenya, Economics and Statistics Division, Ministry of Finance and Economic Planning: Kenya Population Census 1962, Advance Report of Vol. I & II, Nairobi, January 1964. — Government of Tanganyika, Statistics Division, Treasury: Statistical Abstract 1962, Dar es Salaam 1962 (enthält Volkszählungsdaten von 1957). — East Africa High Commission, The East African Statistical Department: Quarterly Economic and Statistical Bulletin, No. 47, March 1960, Nairobi 1960 (enthält u. a. Daten der Volkszählung Ugandas von 1959).

während in Uganda dementsprechend 34 763 Asiaten gezählt wurden (1959), d. s. 48 vH des asiatischen Bevölkerungsteils (vgl. Tab. 2).

Tabelle 2. *Zusammensetzung der Bevölkerung nach Rassen in den sechs größten Städten in Kenya, Tanganyika und Uganda*

Land/Stadt	Asiaten	Europäer	Afrikaner und andere	Bevölkerung insgesamt	Anteil der Asiaten in vH
Kenya:					
Nairobi	86 453	21 477	158 864	266 794	32,4
Mombasa . . .	43 713	5 305	130 457	179 575	24,3
Nakuru	6 203	1 414	30 564	38 181	16,3
Kisumu	8 355	598	14 623	23 526	35,5
Eldoret	3 758	664	15 183	19 605	19,2
Thika	2 336	179	11 437	13 952	16,7
Tanganyika:					
Dar es Salaam	27 441	4 479	56 822	128 742	21,3
Tanga	7 412	768	29 873	38 053	19,5
Mwanza . . .	3 956	366	12 555	19 877	19,9
Tabora	2 443	340	12 578	15 361	15,9
Morogoro . .	1 525	281	12 801	14 507	10,5
Moshi	3 648	441	9 637	13 726	26,6
Uganda:					
Kampala . . .	19 268	3 197	24 270	46 735	41,2
Jinja	8 886	828	20 030	29 741	29,9
Mbale	4 575	397	8 597	13 569	33,7
Entebbe . . .	904	910	9 127	10 941	8,3
Kabale	611	73	10 235	10 919	5,6
Fort Portal . .	519	128	7 670	8 317	6,2

Quelle: Government of Kenya, Statistical Abstract, Ministry of Finance and Economic Planning, 1963, S. 7. — Government of Tanganyika, Treasury, Statistical Abstract 1962, S. 16. — Uganda Government, Statistics Division, Office of the Prime Minister, 1963, Statistical Abstract, S. 6.

In den kleineren Provinzstädten Ostafrikas ist der prozentuale Anteil der asiatischen Minderheit an der Gesamt-Einwohnerzahl meist ebenso hoch oder manchmal noch höher als in den Haupt- und Hafenstädten. Als Beispiele hierfür seien genannt: Kisumu (Nyanza Province, Kenya) und Arusha (Northern Province, Tanganyika) mit je 35,5 vH und Mwanza (Lake Province, Tanganyika) mit 20 vH Asiaten.

In Kenya und Uganda reflektieren diese Zahlen zugleich den Unterschied in der Rolle der Städte für das Land, und die vergleichsweise hohe (Kenya) und weniger hohe Verstädterung (Uganda) der asiatischen Minderheit entspricht dem Kontrast der wirtschaftlichen und kulturellen Verhältnisse der beiden Länder. Tanganyika scheint bei diesem Vergleich eine ähnliche Struktur aufzuweisen wie Uganda. Weitere Berechnungen zeigen hier aber doch noch einen Unterschied: Während man in Kenya und Uganda bei einer Beschränkung auf die sechs größten Städte das Gesamtphänomen der Verstädterung verhältnismäßig gut erfassen kann, weil die Kleinstädte nicht sehr ins Gewicht fallen, muß man in dem großräumigen Tanganyika mit einem weiteren Netz von mittelgroßen Provinzstädten rechnen. Nimmt man also in Tanganyika noch die sechs nächstgrößten Städte hinzu (Dodoma, Ujiji, Mtwara, Lindi, Arusha, Iringa), die zusammen eine asiatische Bevölkerung von rd. 10 000 aufweisen, so ergibt sich damit, daß in den Städten mit einer Einwohnerzahl von mehr als 10 000 rd. drei Viertel (72 vH) der gesamten asiatischen Bevölkerung leben (1957). Bezieht man in Kenya noch die sechs nächstgrößten Städte (Nanyuki, Kitale, Nyeri, Kericho, Gilgil, Lamu) mit ein, so verändert sich das Verhältnis nicht wesentlich, denn es ergibt sich nur eine zusätzliche Zahl von 6000. Die Verteilung der Asiaten in Ostafrika ist also durch eine deutliche Konzentration auf die Städte gekennzeichnet. Nairobi und Mombasa allein beherbergten bisher etwa ein Drittel der gesamten asiatischen Minderheit Ostafrikas. Darüber hinaus gibt es außer den Hauptstädten Dar es Salaam und Kampala noch weitere vierzehn Provinzstädte in Ostafrika mit je 2000—8000 asiatischen Einwohnern.

Die Verteilung im Gesamtraum (vgl. hierzu auch die Karte) entspricht etwa der Verteilung der afrikanischen Bevölkerung, d. h., die Küstenzone, das Hochland um Nairobi und am Fuße des Kilimandscharo sowie die Ufer des Viktoriasees weisen die größte Zahl asiatischer Einwohner auf. Im allgemeinen läßt sich feststellen, daß die Verteilung der asiatischen Bevölkerung jene der afrikanischen in verstärktem Maße reflektiert, d. h. in den dicht besiedelten Gebieten dichter ist, in den dünn besiedelten aber weit unter dem Durchschnitt bleibt. So haben etwa in Tanganyika die Southern Province, die Southern Highlands und die Western Province — drei schwach bevölkerte Provinzen mit je ca. 1 Million Bevölkerung — nur 4700 bzw. 3500 und 4500 asiatische Einwohner (1957). Ähnliches gilt von der Southern Province und der Northern Province in Kenya, in denen 2300 Asiaten auf 1 Million bzw. 500 Asiaten auf eine halbe Million Einwohner entfallen (1962). In Uganda sind es die dünn besiedelte Nord- und die Westprovinz, die nur einen sehr geringen asiatischen Bevölkerungsteil aufweisen: In der Westprovinz entfallen 4000 Asiaten auf 1,5 Mill. Einwohner und in der Nordprovinz 3200 auf 1,2 Mill. (1959).

In Prozentzahlen ausgedrückt bedeutet das, daß in zwei der sechs Provinzen Kenyas der asiatische Bevölkerungsteil nur 0,1—0,2 vH beträgt, in drei von den neun Provinzen Tanganyikas rd. 0,4 vH und in zwei von den vier Provinzen Ugandas 0,25 vH. Die Prozentsätze in den übrigen Provinzen sind zum Teil wesentlich höher. So ergibt sich z. B. für die Provinz Rift Valley in Kenya bei rd. 16 000 Asiaten und einer Gesamtbevölkerung von etwa 1 Mill. ein Anteil von 1,6 vH. Der hohe Landesdurchschnitt von 2 vH ergibt sich allerdings erst durch die Einbeziehung der Großstädte Nairobi und Mombasa. In Uganda bildet die Provinz Buganda mit 39 000 Asiaten bei einer Gesamtbevölkerung von 1,8 Mill. den Schwerpunkt der asiatischen Einwanderung.

III. Die zahlenmäßige Entwicklung der asiatischen Minderheit

Die im vorigen Abschnitt genannten Zahlen geben etwa den gegenwärtigen Stand (1964) der asiatischen Minderheit an. Berücksichtigt man die Zahlen der früheren Volkszählungen, so erhält man ein Bild von der Entwicklung der Einwanderung im Laufe der Jahre.

Tabelle 3. *Die asiatische Bevölkerung in Ostafrika 1921—1963 in Tausend*

Land	1921	1931	1948	1963
Kenya	25	40	98	180
Tanganyika . . .	10	25	46	90
Uganda	5	14	35	82
Zusammen . . .	40	79	179	352

Quelle: Amtliche Veröffentlichungen (Statistical Abstracts).

In allen Jahren unserer Übersicht (Tab. 3) verzeichnete Kenya den mit Abstand stärksten Zustrom. In den Jahren nach 1948 ist ein besonders starkes Anwachsen der asiatischen Minderheit festzustellen. In den zwölf Jahren von 1948 bis 1960 verdoppelte sich die Zahl der Asiaten in allen drei Territorien. Auch die europäische Minderheit, die ungefähr ein Viertel der asiatischen Minderheit darstellte, dehnte sich in gleichem Maße aus. Nur in Uganda, wo der europäische Bevölkerungsteil im Jahre 1948 erst ein Zehntel der asiatischen Minderheit erreichte, wuchs die europäische Minderheit wesentlich rascher an, belief sich aber Anfang der sechziger Jahre auch nur auf ein Siebentel der asiatischen Bevölkerung.

Dieses Wachstum der Minderheiten ging nicht nur auf einen hohen Geburtenüberschuß bei den Ortsansässigen zurück, sondern hing zum guten Teil mit dem ständigen Zufluß weiterer Einwanderer zusammen. In Kenya wanderten in den Jahren 1954 bis 1959 jährlich etwa 5000 Asiaten ein und nur etwa 1000 pro Jahr aus. In Tanganyika standen in dieser Zeit etwa 3000 Einwanderern pro Jahr rd. 300—400 Auswanderer gegenüber, und für Uganda ergab sich ein Verhältnis von rd. 2000 zu 500. Die Zahl der europäischen Einwanderer war in diesen Jahren in Kenya und Tanganyika fast ebenso groß wie die der asiatischen Zuwanderer. Dafür stand jedoch den europäischen Einwanderern eine weit höhere Zahl europäischer Auswanderer gegenüber; sie war meist doppelt so groß wie die der asiatischen Auswanderer.

Diese Angaben charakterisieren bereits den Unterschied zwischen der europäischen und der asiatischen Minderheit, der sich auch in der Altersstruktur deutlich widerspiegelt. Die asiatische Minderheit bildet weitgehend eine ortsansässige Minderheit, die sich durch einen Zustrom von außen ergänzt, aber im wesentlichen aus sich selbst heraus wächst. Die Pyramide der Altersgruppen hat bei der asiatischen Minderheit eine breite Basis, z. B. waren in Tanganyika im Jahre 1957 [1] mehr als 50 vH jünger als 19 Jahre. Die europäische Minderheit dagegen zeigt deutliche Anzeichen des ständigen Austausches und der zeitlichen Beschränkung bzw. der Unterbrechung des Aufenthaltes in Ostafrika. Die typische Alterspyramide der europäischen Minderheit (Tanganyika 1957) hat eine schmale Basis, bestehend aus den 1—10jährigen Kindern, und eine enge Taille, die auf das Fehlen der 14—22jährigen hindeutet, die sich fast sämtlich zur Ausbildung im Ausland aufhalten. Dann kommt eine Ausweitung, die über die Dimensionen der Basis hinausgeht und das Überwiegen der 28—45jährigen anzeigt, und schließlich eine rasche Zuspitzung der Pyramide, die darauf hindeutet, daß sich die über 50jährigen wiederum ins Ausland begeben. Das junge Ehepaar zwischen 30 und 40 mit Kindern unter 12 Jahren stellte bisher den Haupttypus der europäischen Minderheit, während die asiatische Minderheit alle Altersgruppen in nahezu ähnlichen Verhältnissen umfaßt wie die einheimische Bevölkerung, und damit im Unterschied zu einer mit befristeten Aufenthaltszeiten rechnenden Minderheit als dauerhaft und heimisch angesprochen werden kann.

Diese Strukturunterschiede der Minderheiten deuten auch bereits auf die verschiedenartige Rolle hin, die den Minderheiten im Rahmen des Kolonialsystems zukam. Die asiatische Minderheit war und ist eine ortsansässige Mittelschicht, die europäische Minderheit dagegen ein durch ständige Ablösung erneuertes Verbindungsglied zur fernen Metropole. Das Vorhandensein einer ortsansässigen Mittelschicht erhöhte die Wirksamkeit des Verbindungsgliedes und erleichterte die periodische Ablösung und Erneuerung der europäischen Führungskräfte in Staat und Wirtschaft.

IV. Die Berufsstruktur der asiatischen Minderheit

Die Mittlerstellung der asiatischen Minderheit bezog sich auf den gesamten Bereich der mittleren Verwaltungs- und Wirtschaftstätigkeit. Die

---

[1] Die folgenden Angaben und Beispiele zur Altersstruktur sind einem Bericht aus Tanganyika entnommen: Government of Tanganyika, Report on the Census of the Non-African Population taken on the night of 20/21st February 1957, Dar es Salaam 1958.

Aktivität der asiatischen Händler und ihre Pionierleistung bei der Erschließung Ostafrikas für die Geldwirtschaft und die auf dieses Phänomen bezogene Kritik am Asiaten als Mittelsmann und Ausbeuter hat den irrtümlichen Eindruck entstehen lassen, die asiatische Minderheit sei ausschließlich auf diesem Gebiet tätig. Die Statistiken zeigen jedoch, daß etwa nur ein Drittel der asiatischen Minderheit im Groß- und Einzelhandel tätig ist.

So waren von rund 22 000 männlichen Indern im Alter von über 14 Jahren im Jahre 1957 in Tanganyika beschäftigt

7200 im Groß- und Einzelhandel,
3000 in Verwaltung, Transport-, Erziehungs- und Gesundheitswesen,
2400 in Industrie und Baugewerbe,
5400 in sonstigen Berufen,
4000 waren nicht erwerbstätig.

Nur etwa der zehnte Teil dieser Asiaten waren Arbeitgeber und mehr als die Hälfte Angestellte [1].

Die Politik der Afrikanisierung läßt die Lage der Asiaten im Verwaltungsdienst als sehr ungewiß erscheinen. In der Übergangszeit, in der eine Reihe von Posten von europäischen Beamten aufgegeben bzw. nicht mehr für solche Beamte reserviert wurde, sind eine ganze Reihe von Asiaten in leitende Stellungen aufgerückt. Die Asiaten haben auch den größten Anteil an den freien Berufen. Die Rechtsanwälte sind auf Grund des Bedarfs aus den Reihen der Ortsansässigen hervorgegangen, die Ärzte zum Teil von den ostafrikanischen Regierungen in Indien systematisch angeworben worden.

Es ist vielfach behauptet worden, daß die jetzt in Ostafrika ansässige asiatische Minderheit zum größten Teil aus den Nachkommen der Arbeiter besteht, die zum Bau der Uganda-Eisenbahn ins Land gebracht wurden. Inzwischen haben einige Untersuchungen gezeigt, daß diese Behauptung nicht stimmt. Viele dieser Gastarbeiter kehrten damals nach Beendigung der Arbeit nach Indien zurück. Andererseits wurde die Organisation, die heute den Namen „East African Railways and Harbours" trägt, zum größten Arbeitgeber in Ostafrika und beschäftigte in dieser Eigenschaft viele Inder in der Verwaltung. Diese kleinen Angestellten, Buchhalter, Bahnhofspersonal usw. stammen jedoch zum größten Teil aus ganz anderen Schichten als die Arbeiter, die mit dem Bahnbau beschäftigt waren. Die Eisenbahn spielt also nach wie vor eine große Rolle für die asiatische Minderheit, doch hat sich ihre Rolle im Laufe der Zeit entscheidend gewandelt.

---

[1] Nach: Government of Tanganyika, Census of Non-African Population, vgl. Government of Tanganyika, Employment and Earnings in Tanganyika, 1961, Dar es Salaam 1962.

„Post and Telecommunications", eine andere Abteilung der unter der früheren East Africa High Commission zuammengefaßten Common Services (jetzt: East African Common Services Organisation), sind ebenfalls ein Hauptarbeitgeber der Asiaten. Ähnliches galt bis vor kurzem auch für die Polizei in den drei Staaten. Der Bedarf an asiatischem Personal dürfte kurzfristig noch weiter anwachsen.

Ein Bericht der Regierung von Tanganyika zeigt, z. B., daß die höheren und mittleren Beamtenstellen in den Jahren 1961 und 1962 folgendermaßen besetzt waren [1]:

Jahr	Afrikaner	Nichtafrikaner	Insgesamt
1961	1170	3280	4450
1962	1820	2900	4720

Die Gesamtzahl der Beamten hat sich von 1961 auf 1962 also nur um 270 erhöht, während auf Grund einer Schätzung des Bedarfs an Beamten ein jährlicher Zuwachs von etwa 1100 erforderlich ist. Im Jahre 1962 gab es jedoch nur 970 afrikanische Schüler in Tanganyika, die sich um das Schulentlassungszeugnis bewarben, und von dieser Zahl wird wiederum nur ein gewisser Teil das Examen bestanden und sich der weiteren Ausbildung zugewandt haben.

Die große Lücke, die auf diese Weise entsteht, wird nicht nur von den in Afrika aufgewachsenen Mitgliedern der asiatischen Minderheit gefüllt, sondern in zunehmendem Maße auch von für bestimmte Stellen rekrutierten Neueinwanderern aus Indien und Pakistan. Diese Neueinwanderer sind eine marginale, aber sehr wichtige Gruppe der asiatischen Minderheit; sie zeichnen sich durch einen höheren Bildungsstand aus und rechnen zumeist nur mit einem befristeten Aufenthalt in Afrika. Auf Grund dieser Gegebenheiten sind die Mitglieder dieser Gruppe weniger von ortsgebundenen Einstellungen geprägt. Ausmaß und Struktur dieser Gruppe lassen sich zahlenmäßig schlecht erfassen, da die Statistiken darüber nicht vorliegen.

V. Die asiatische Minderheit und die afrikanischen Stämme

Die Berufsstruktur der Minderheit und die Art der afrikanischen Wirtschaft bringen es mit sich, daß die Minderheit in größter Konzentration in einigen Gebieten vertreten ist, die zugleich zum Stammesgebiet der wichtigsten und einflußreichsten afrikanischen Stämme in Ostafrika gehören.

[1] Government of Tanganyika, Report of the Africanisation Commission, 1962; Dar es Salaam 1963.

Eine allgemeine Betrachtung der Daten der Volkszählungen und der Beziehungen zwischen der Minderheit und der afrikanischen Bevölkerung ergeben noch kein klares Bild von den tatsächlichen Spannungsverhältnissen. Man muß sich die Konzentration der asiatischen Bevölkerung in den Hauptstammesgebieten vor Augen halten, um einen Eindruck davon zu bekommen, welche Afrikaner die wichtigsten Partner bzw. Opponenten der Minderheit sind:

Im Stammesgebiet der . . . leben	. . . Stammesangehörige	und . . . Asiaten	d. s. . . . vH
Kikuyu-Embu-Meru (Zentralprovinz Kenyas mit Nairobi)	1 300 000	96 000	7,4
Luo (Provinz Nyanza in Kenya)	1 000 000	16 000	1,6
Baganda (Buganda in Uganda)	1 800 000	38 000	2,1
Chagga (Bezirk Moshi in Tanganyika)	300 000	4 000	1,3

In Tanganyika läßt sich auf Grund der Vielzahl der Stämme keine Konzentration dieser Art feststellen. Im Gebiet des größten Stammes von Tanganyika, im Sukumaland, leben unter rd. 1 Mill. Sukuma verhältnismäßig wenig Asiaten; um so mehr bei den Chagga, einem der wirtschaftlich und politisch aktivsten Stämme Tanganyikas.

Das Verhältnis dieser verschiedenen Stämme zur asiatischen Minderheit wird jedoch nicht allein durch die Größenordnung bestimmt, sondern ist durch die Unterschiede des kolonialen Einflusses geprägt worden. So steht etwa in dem früheren Protektorat Uganda eine afrikanische Mittelschicht, die ihre Entstehung hauptsächlich dem Mailo-Landsystem Bugandas verdankt, der asiatischen Minderheit als Partner und Konkurrent gegenüber, während es in der früheren Kolonie Kenya und vor allem in deren Zentralprovinz, in der die Kikuyu ihres Landes beraubt wurden, neben der starken asiatischen Mittelklasse bisher im wesentlichen nur ein afrikanisches Proletariat und eine kleine Zahl afrikanischer Intellektueller gab. Die Besonderheiten dieser Art werden bei der Darstellung der politischen Rolle der asiatischen Minderheit berücksichtigt werden; hier sollte nur auf das Problem an sich hingewiesen werden.

B. Die Untergruppen der asiatischen Minderheit

Die asiatische Minderheit in Ostafrika ist vielfältig gegliedert. Gruppen-, Kasten- und Religionszugehörigkeit spielen eine große Rolle. Eine eingehende Darstellung der verschiedenen Untergruppen ist daher für das Verständnis der wirtschaftlichen und politischen Zusammenhänge sehr wichtig. Es ist zu berücksichtigen, daß die Minderheit keinesfalls einen repräsentativen Querschnitt der Bevölkerung des indischen Subkontinents darstellt, sondern aus einer Reihe bestimmter Gruppen besteht, die zum größten Teil aus einigen wenigen Bezirken Indiens und Pakistans stammen, und zwar in erster Linie aus Gujarat und dem Panjab. Auch sind diese Gruppen gewissermaßen eine gefilterte Auslese des Kastenspektrums. Einige Kastengruppen sind in unverhältnismäßig starkem Maße vertreten; andere wiederum fehlen fast ganz. Genaue Studien zu den Motiven der Auswanderung und Verteilung verschiedener Gruppen liegen noch nicht vor; doch soll im folgenden versucht werden, einige Linien aufzuzeigen, denen in weiteren Untersuchungen nachgegangen werden kann.

Die politischen Bezeichnungen Inder und Pakistani, die erst nach der Teilung Indiens für die asiatische Minderheit Bedeutung erhielten, sind für eine soziologische Klassifikation der Untergruppen der Minderheit ungeeignet. Selbst die Aufteilung nach Religionsgemeinschaften ist nicht unbedingt relevant. Die wesentlichste Einteilung läßt sich nach Sprachgruppen treffen, die sowohl Hindus als auch Mohammedaner umfassen. Allein die Goanesen stellen sowohl nach der Religionszugehörigkeit als auch nach der Sprachgruppeneinteilung und bis vor kurzem auch noch nach der politischen Identifikation eine Gruppe für sich dar.

Die beiden wichtigsten Bevölkerungsteile sind die Gujarati-sprechenden und die Panjabi-(bzw. Hindi/Urdu-)sprechenden Gruppen.

I. Der Gujarati-sprechende Bevölkerungsteil

Gujarati wird in der Provinz an der Westküste Indiens gesprochen, die nördlich von Bombay liegt und einen großen Teil der Küste bis zur Insel Kutch umfaßt. Auch in der Stadt Bombay wird von einem großen Teil der Bevölkerung Gujarati gesprochen. Diese Sprache gehört zur indogermanischen Sprachfamilie; sie hat eine eigene Schrift und eine beträchtliche Literatur, die durch die Einflüsse verschiedener Religionsgemeinschaften geprägt worden ist. Hindus, Jainas, die shiitischen Mohammedaner dieser Region, sowie das Gastvolk der Parsen, die sich vor Jahrhunderten in Gujarat niedergelassen haben, sprechen Gujarati. Die nördliche Westküste Indiens war seit jeher durch den Überseehandel mit allen Teilen der Welt verbunden. Es ist daher nur natürlich, daß die Bewohner dieser Region auch in Ostafrika eine entscheidende Rolle spielen. An erster Stelle stehen in dieser Bevölkerungsgruppe die Händlerschichten.

1. Lohana

Die Lohana sind ihrer Kastentradition gemäß Krieger (Kshatria), die ursprünglich aus weiter nördlich liegenden Provinzen (Rajputana, Panjab, Multan) nach Gujarat einwanderten und sich hauptsächlich im Nordwesten Gujarats, auf der Halbinsel Kathiawar und auf Kutch niederließen. Dort gelten sie als Händler (Bania). Viele von ihnen leben auch in der Provinz Sind. Religiös stehen sie unter dem Einfluß verschiedener Vaishnava-Sekten, manche verehren auch den Gründer der Sikh-Religion, Guru Nanak, ohne jedoch Sikhs zu sein.

Nach der Volkszählung von 1901, in der alle Kastengruppen Indiens bis ins einzelne erfaßt wurden, gab es rd. eine halbe Million Lohana. Für Ostafrika gibt es keine Statistiken, aus denen sich die Zahlen für die Kastengruppen ablesen lassen; aber auf Grund von Auskünften führender Mitglieder dieser Gruppe darf man wohl schätzen, daß zur Zeit (1964) etwa 40 000 Lohana in den drei ostafrikanischen Staaten leben. Uganda weist die größte Zahl dieser Gruppe auf (rd. 20 000). Die beiden anderen Staaten dürften je etwa 10 000 Lohana beheimaten.

Die meisten Mitglieder dieser Gruppe gehören bereits der zweiten Generation an. Ihr Geschäftsgeist hat ihnen fast überall zum Erfolg verholfen. Da die Einwanderergeneration in der indischen Heimat kaum unter britischem Bildungseinfluß gestanden hatte und daher nicht Englisch sprechen konnte, blieben ihr die Beamten- und Angestelltenposten verschlossen. Diese Sprachschwierigkeiten hinderten die Lohana jedoch nicht daran, mit den Europäern Geschäftsverbindungen anzuknüpfen. Im Gegensatz zu anderen Gruppen, die durch religiöse Rücksichten von bestimmten Handelsbranchen fernblieben, nahmen die Lohana jeden gewinnbringenden Geschäftszweig auf. Sie verstanden sich auch auf den Handel mit Metallwaren und auf den Einzelhandel auf dem Lande, so daß sie rasch über die Städte hinaus vordrangen. Das reiche Uganda war in dieser Hinsicht besonders verlockend. Von den Gewinnen im Handel konnten sie dann weiter zur Investition in Industriebetrieben schreiten. Vor allem die Zuckerrohrverarbeitung bot sich in Uganda als geeignete Investitionsmöglichkeit an, und die beiden berühmten Lohana-Familien Ugandas Mehta (Lugazi) und Madhvani (Jinja) verdanken ihr großes Vermögen diesen Investitionen.

In den größeren Zentren bestehen Kastenorganisationen der Lohana. Eine gewisse Zusammenarbeit in sozialen Fragen der Kastengruppe ist zu verzeichnen, doch im allgemeinen gelten die Lohana als Individualisten, die wenig an einer Zusammenarbeit innerhalb der Kastengruppe interessiert sind und im Verhältnis zu ihrer wirtschaftlichen Lage wenig für Kastenorganisationen, Fürsorge, Bildungshilfe etc. aufwenden. Ein großer Teil des bestehenden institutionellen Zusammenhanges der Gruppe ist dem Einsatz des reichen Muljeebhai Madhvani zu verdanken.

2. Visha Oswal

Ein wesentlich größeres Solidaritätsgefühl hat die ebenfalls sehr wohlhabende Händlerkaste der Visha Oswal, die auf Grund des in dieser Gruppe recht häufigen Familiennamens Shah auch oft nach diesem Namen benannt wird. Die Visha Oswal sind strenge Jaina und haben daher schon in ihrer Religionszugehörigkeit, der Verwaltung ihrer Tempel usw. ein besonderes Bindeglied. Diese Gruppe ist die größte Jaina-Gruppe in Ostafrika. Auch in einer weiteren Hinsicht ist diese Gruppe einzigartig, ist doch die Zahl der Mitglieder dieser Gruppe in Indien nur etwa ebenso groß wie die Zahl der in Ostafrika ansässigen Gruppenangehörigen. Ihr wirtschaftlicher und zahlenmäßiger Schwerpunkt liegt in Kenya (etwa 17 000), besonders in Nairobi, wo über 8000 Visha Oswal leben, die im Mahajan Wadi ein Gemeindezentrum haben, in dem sie sich zu religiösen Festen und zum geselligen Beisammensein treffen.

Ähnlich wie die Lohana waren die ersten Visha Oswal-Einwanderer durch Kastentradition und Bildungsstand auf den Handel beschränkt und kamen kaum als Bewerber für Regierungsstellen in Frage. Sie konzentrierten sich auf den Groß- und Einzelhandel und halfen sich innerhalb der Gruppe durch Kredite, so daß es jedem ihrer Gruppe möglich war, ein Geschäft zu eröffnen. Das Zusammengehörigkeitsgefühl geht wahrscheinlich schon aus der Geschichte der Visha Oswal hervor, die ihrer Tradition nach aus einer Gruppe entstanden sind, die gemeinsam in einem Grenzgebiet gesiedelt und zum Jainismus bekehrt worden waren. Das Beiwort Visha (abgeleitet von zwanzig) deutet an, daß sie sich als die ranghöchste Subkaste ihrer Gruppe einstufen. Die alte Sitte, eine Mahajan-Gilde zu bilden, ist von dem Brauchtum der indischen Händlerkasten abgeleitet; sie soll darauf hindeuten, daß die Visha Oswal von jeher zu den Vaishya (dritte Kastengruppe der indischen Tradition) gehört haben.

Von allen Gruppen der asiatischen Minderheit Ostafrikas entsprechen die Visha Oswal ohne Zweifel am eindeutigsten dem Prototyp der wohlorganisierten Händlerkaste. Sie haben den alten Kastenzusammenhalt auf moderne Weise institutionalisiert und im Jahre 1941 den Oswal Education and Relief Board gegründet. Daneben besteht noch eine andere Organisation, die Oswal Conference, die sich vor allem um gewisse Reformen der Sitten und Gebräuche der Kaste bemüht hat, zur Zeit aber nicht sehr aktiv ist. Die starke Konzentration der Kastenangehörigen in Nairobi und Mombasa erleichtert die Zusammenarbeit und erhöht den Einfluß der Gruppe im Lande.

3. Ismaeli Khoja

Die dritte große Händlergemeinschaft Ostafrikas sind die Ismaeli Khoja, eine shiitische Moslem-Sekte, die den Aga Khan zum Oberhaupt hat. Durch die zentralistische Leitung ist diese Gruppe besonders wirksam organisiert. Das Wort des Aga Khan und der von ihm ernannten Beauftragten gilt nicht nur in religiösen Dingen, sondern ist auch im sozialen, wirtschaftlichen und politischen Bereich bindend. Es ist von entscheidender Bedeutung, daß jedes Mitglied der Gruppe 12 vH seines Einkommens an den Aga Khan abführt, der über die beträchtlichen Summen, die ihm auf diese Weise zufließen, nach eigenem Ermessen verfügen kann. Die Vielzahl der Schulen, Krankenhäuser, Gemeindezentren, die für die Sekte im Auftrag des Aga Khan gebaut worden sind, zeugen in allen Teilen Ostafrikas davon, daß diese Art der religiösen Kapitalabschöpfung zu wichtigen Investitionen geführt hat.

Die Gruppe hat eine Hierarchie von Funktionären, die nach einem sorgfältigen Auswahlverfahren vom Aga Khan persönlich ernannt werden und daher durch seine Autorität gedeckt sind. Für jeden Posten dieser Art werden Vorschlagslisten von den entsprechenden Gremien zusammengestellt und weitergereicht; die letzte Entscheidung trifft der Aga Khan, beraten von seinen ranghöchsten Beauftragten. Für Afrika ergibt sich folgende Struktur: An der Spitze steht der Supreme Council for Africa, früher Federal Council genannt, dessen Präsident zur Zeit Sir Ebu Pirbhoy, Nairobi, ist und der zuvor für zwei Jahrzehnte von Fatehali Dhala, Mombasa, geleitet wurde. Unter diesem Council befinden sich die Territorial Councils, und eine weitere Ebene bilden die Provincial Councils. Von diesen Provincial Councils gibt es insgesamt 26 in Afrika, davon 18 in Ostafrika, und zwar drei in Kenya (Nairobi, Mombasa, Kisumu), sechs in Uganda (Kampala, Jinja, Mbale, Soroti, Masaka, Mbarara), acht in Tanganyika (Dar es Salaam, Tanga, Moshi, Dodoma, Mbeya, Mwanza, Mtwara, Tabora) und einer in Sansibar. Insgesamt sind etwa 500 Funktionäre mit der Arbeit auf diesen verschiedenen Ebenen beschäftigt.

Es gibt auch noch eine Reihe besonderer Ämter, von denen die wichtigsten die der Verwalter der Bildungsinstitutionen für Kenya, Tanganyika und Uganda sind, denn diese sind für die große Zahl der vom Aga Khan unterhaltenen Schulen verantwortlich. Darüber hinaus gibt es auch Wirtschafts- und Gesundheitsausschüsse, die von Fachleuten geleitet werden. Die Beschränkung auf den Handel erklärt, warum es in den Rängen der Ismaelis nur wenig Ärzte und auch verhältnismäßig wenige Rechtsanwälte gibt. Für die Verwaltungsaufgaben und die Aufsichtsführung stehen dem Aga Khan jedoch genügend Kräfte aus den Reihen der Gruppe zur Verfügung. Fachkräfte können jederzeit aus dem Personalbestand anderer Gruppen angestellt werden.

Während die Lohana in Uganda und die Visha Oswal in Kenya einen besonderen Schwerpunkt gebildet haben, sind die Ismaeliten vor allem in Tanganyika verbreitet. Insgesamt leben etwa 40 000 Ismaeliten in Ostafrika, davon 20 000 in Tanganyika und je 10 000 in Kenya und Uganda. Diese Verteilung ergibt sich daraus, daß der Weg der Einwanderung ursprünglich über das Einfallstor Sansibar zur nahen Küste von Tanganyika führte und erst von dort weiter ins Landesinnere und nach Uganda. Die Ismaeliten sind die ältesten Einwanderer. Die meisten Mitglieder der Gruppe sind schon in der dritten Generation, manche gar in der vierten Generation, in Ostafrika ansässig.

Die frühe Siedlungsgeschichte der Ismaeliten repräsentiert sich in den Lebensläufen der beiden berühmtesten frühen Einwanderer, die jetzt bereits zu legendären Gestalten geworden sind: Sir Tharia Topan und Allidina Visram. Tharia Topan kam als junger Ausreißer nach Sansibar und stieg dort vom Gartenarbeiter zum Oberaufseher der Zollbehörde auf. Er wurde auf diese Weise sehr reich und galt nächst dem Sultan als der bedeutendste Mann Sansibars. Sein Beispiel und sein Schutz ermutigten viele Inder und vor allem seine Sektengenossen zur Auswanderung.

Allidina Visram, ein Ismaeli der nächsten Generation, gelangte auf ähnlich abenteuerliche Weise nach Afrika, aber im Unterschied zu Tharia Topan, der in Sansibar zu Ruhm und Reichtum kam, richtete Allidina Visram seine Aufmerksamkeit auf das reiche Land um den Viktoriasee und baute ein Handelsreich auf, das sich von Bagamoyo und Mombasa bis zum Kongo erstreckte. Doch er beschränkte sich nicht nur auf den Handel, sondern war auch ein Pionier auf dem Gebiet des Zuckerrohranbaus und experimentierte mit Baumwolle, Kautschuk und Tee. Er wurde der „ungekrönte König von Uganda“ genannt; Churchill und Lord Kitchener zählten zu seinen Gästen. In seinen vielen Handelsniederlassungen entlang der Uganda-Eisenbahn und im Inland pflanzte er die britische Fahne, aber auch die Fahne des Aga Khan auf und trug wesentlich zu der engen Zusammenarbeit der britischen Kolonialregierung und den Ismaeliten bei, die als tüchtige Geschäftsleute und loyale Untertanen geschätzt wurden.

Auf Grund dieser über mehrere Generationen andauernden Verbindung mit der wirtschaftlichen Erschließung Ostafrikas und infolge der Anlehnung an die britische Kolonialmacht wurden die Ismaeliten von der Kolonialkultur am deutlichsten geprägt. Ihre Beziehungen zur alten Heimat in Gujarat sind wesentlich lockerer als die der anderen Gruppen. Die Ismaeliten waren schon früh recht zahlreich in Ostafrika vertreten, so daß nach etlicher

Zeit Heiraten innerhalb der Gruppe in Ostafrika möglich waren und die Beziehungen zum Herkunftsland auch deshalb nicht besonders gepflegt zu werden brauchten.

Aus diesen Gründen würden bei einer eventuellen Rückwanderungsbewegung die Ismaeliten am schwersten den Anschluß an die Entwicklung im Herkunftsland finden. Der Einfluß der Kolonialkultur und die Reformbereitschaft des Aga Khan haben dazu geführt, daß die Ismaeliten in ihren Sitten und Gebräuchen eine deutliche Tendenz zur Verwestlichung zeigen. Zugleich heben sie sich durch ihre straffe Sektenorganisation deutlich von allen anderen Gruppen ab und verknüpfen so auf eigentümliche Weise modernisierende und konservative Tendenzen. Diese seltsame Mischung hat es ihnen ermöglicht, einen hohen Grad von Gruppensolidarität mit einer raschen Anpassungsfähigkeit zu verbinden.

4. Ithnasheri Khoja

Diese Gruppe ist ebenfalls eine shiitische Sekte, deren Mitglieder, wie die Ismaeliten, die Bezeichnung Khoja (indische Form des persischen Wortes Khwajah = reicher, ehrenhafter Mann) tragen und eine Reihe von Imanen verehren, die das wahre Erbe des Propheten überliefert haben. Doch während die Ismaeliten eine Reihenfolge von sieben Imanen anerkennen, führen die Ithnasheriten (Zwölfer) diese Linie weiter bis zum 12. Iman; auch erkennen sie den Aga Khan nicht als Iman an. In jeder anderen Beziehung stehen sie jedoch den Ismaeliten in Brauchtum, Herkunft und Kultur sehr nahe. Ihre Zahl in Ostafrika ist wesentlich geringer als die der Ismaeliten. Ihre Rolle im Wirtschaftsleben gleicht der der Ismaeliten.

5. Bohra

Die Bohra (Bohora = Vohora, Gujarati-Wort für Händler) sind eine weitere shiitische Sekte, die einen großen Einfluß auf das Wirtschaftsleben Ostafrikas hat und schon seit alter Zeit in Handelsbeziehungen mit diesem Lande stand. Ihr religiöses Oberhaupt ist Dr. Saifuddin in Bombay. Im Unterschied zu den Khoja, die zumeist von Kutch und Kathiawar, d. h. von der nordwestlichen Küste des Gujarat, stammen, kommen die Bohra aus der Gegend um Surat und Broach. Auch die Stadt Bombay selbst ist ein Schwerpunkt der Bohra-Gruppe.

Eine der bedeutendsten Bohra-Familien sind die Karimjee Jeevanjee von Sansibar und Dar es Salaam, deren Vorfahren bereits seit dem frühen 19. Jahrhundert in Sansibar ansässig waren. Von großer Bedeutung waren auch die Gebrüder Alibhoy Mulla und Tayabali Mulla Jeevanjee, deren

Firma A. M. Jeevanjee & Co. von Karachi und Bombay in großem Maße am Aufbau Kenyas beteiligt war und die sich dann in Nairobi niederließen.

Der Umfang der Bohra-Gruppe ist etwas größer als der der Ithnasheriten und kleiner als der der Ismaeli Khoja. Ihre Hauptzentren waren Sansibar und Mombasa, aber auch Dar es Salaam und Tanga.

Diese fünf Gruppen: Lohana, Visha Oswal, Ismaeliten und Ithnasheriten, Khoja und Bohra, sind die eigentlichen Händlergruppen Ostafrikas. Ihre Gesamtzahl beträgt schätzungsweise 120 000. Sie sind durch die gemeinsame Sprache, Gujarati, und durch ein Netz vielfältiger Geschäftsfreundschaften verbunden. Der gemeinsame Geschäftsgeist ist dabei von größerer Bedeutung als die religiösen und kulturellen Differenzen. Man gibt zwar vielleicht eher einem Kasten- oder Sektengenossen Kredit, wenn dieser ein eigenes Geschäft gründen will, aber wenn es um andere Geschäftsverbindungen geht, dann verkehrt man ebenso gern und oft noch lieber mit einem Geschäftsmann aus einer anderen Gruppe; ist man dann doch nicht dazu verpflichtet, dem anderen einen genauen Einblick in die eigenen Geschäfte zu gewähren.

6. Patel

Eine weitere wichtige Gujarati-Gruppe, ja recht eigentlich die Gruppe, die dem Außenstehenden zunächst als die wichtigste und einflußreichste erscheinen mag, sind die Patel. Sie stehen deshalb so sehr im Vordergrund, weil sie eine verhältnismäßig große Zahl westlich gebildeter Männer in ihren Reihen haben und daher in vieler Hinsicht tonangebend sind. Im Unterschied zu den vorgenannten fünf Gruppen sind sie der Herkunft nach keine Händlergruppe, sondern entstammen dem reichen Bauernstand ihres Herkunftslandes. Der Name Patel bedeutet Dorfschulze und ist nur deshalb zur Bezeichnung der Gruppe geworden, weil er, ähnlich wie der Name Shah bei den Visha Oswal, sehr häufig in der Gruppe ist. Die Gruppenbezeichnung ist eigentlich Patidar, d. h. Inhaber von Ländereien, die mit bestimmten Ämtern verknüpft waren. Weitere Familiennamen, wie etwa Amin und Desai (Bezeichnungen für Steuereinnehmer), deuten an, welche Rolle die Mitglieder der Gruppe der Tradition nach in ihrem Heimatland gespielt haben. Nach der Legende sollen die Patidar ursprünglich rajputischer Herkunft sein und in die Familien der Bhil (Ureinwohner der Gegenden nördlich von Bombay) eingeheiratet haben.

Die meisten Mitglieder der Gruppe in Ostafrika stammen aus dem Bezirk Kaira und den angrenzenden Bezirken in Ost-Gujarat. In diesen Bezirken, die zum Teil in den fortschrittlichen Fürstenstaat Baroda hineinragten, wurde auf das Bildungswesen großer Wert gelegt, und fast jedes Dorf hatte eine Schule und eine Bücherei. In der Zeit kurz vor und nach dem ersten Weltkrieg setzte eine große Wanderungsbewegung unter den

Patidar ein. Man suchte nach besseren Berufschancen und wanderte in die Großstadt, aber auch nach Ostafrika ab. Fast alle Patel, die in diesen Jahren in Ostafrika, und zwar in erster Linie in Kenya, landeten, arbeiteten als Verwaltungsangestellte oder kleine Beamte in den Dienststellen der Regierung und der Eisenbahn. Sie konnten zumeist englisch und waren damit den Mitgliedern der Händlergruppen, die fast nur Gujarati sprachen, überlegen. Nach und nach merkten sie aber auch, daß diese Kenntnisse im Geschäftsleben Gewinn bringen konnten, und eine beträchtliche Zahl von ihnen brachte es zu Rang und Namen in der Geschäftswelt. In erster Linie waren sie als Makler, Versicherungsagenten, als Unternehmer in der Kaffee- und Baumwollaufbereitung, im Bau- und Transportgeschäft und bei der Übernahme von Agenturen ausländischer Markenartikel erfolgreich. Sie stellten auch eine große Anzahl von Fachkräften in den freien Berufen.

Die Patel fanden vor allem in Uganda ein reiches Tätigkeitsfeld; eine große Zahl der einflußreichsten Mitglieder dieser Gruppe lebt in Kampala. Auch in Nairobi und in einigen kleineren Städten Kenyas, z. B. in Kisumu, sind sie gut vertreten. In Tanganyika findet man sie nur gelegentlich; meistens sind sie von Kenya aus dorthin verschlagen worden. Die erwachsene Generation ist mit ganz wenigen Ausnahmen in Indien geboren. Die Patel sind unter den Gujarati-sprechenden Gruppen gewissermaßen die Nachzügler und Spätkommer, und wenn man die Einwanderungsgeschichte in eine Vor- und Nach-Eisenbahnzeit einteilt, so zeigen etwa die Ismaeliten in ihrer Verbreitung und Berufsstruktur deutlich die Prägung der Vor-Eisenbahnzeit, während die Patel erst nach der Erschließung des Landes durch die Eisenbahn angezogen wurden und in ihrer Siedlungs- und Berufsstruktur die Nach-Eisenbahnzeit reflektieren.

7. Gujarati-Brahmanen

Trotz des orthodoxen Verbots von Überseereisen, das um die Jahrhundertwende von den Brahmanen noch sehr ernst genommen wurde, gelangte eine nennenswerte Zahl von Gujarati-Brahmanen aus Saurashtra (Küste von West-Gujarat) schon vor den Patel nach Ostafrika und diente sich zuerst in Verwaltungsstellen, z. B. in der Zollverwaltung, empor, um dann auch im Geschäftsleben zu Ansehen zu kommen. Auf Grund ihrer Bildung und ihres Einflusses auf die anderen Hindu-Gruppen konnten sie später auch im politischen Leben führende Stellungen erringen. Die Pandya-Familie von Mombasa ist ein typisches Beispiel dieser Art. Insgesamt umfaßt diese Gruppe nicht mehr als einige hundert Familien, die hauptsächlich in Nairobi und Mombasa ansässig sind.

8. Parsen

Ebenfalls zur Gujarati-Sprachgruppe gehören die Parsen, die vor dem Ansturm der Mohammedaner aus Persien flohen und bei den Fürsten in Gujarat Asyl fanden, an ihrer Religion und ihrer heiligen Schrift (Avesta) festhielten, aber sich in vielen wesentlichen Zügen der Kultur ihres Gastlandes anpaßten. Als kleine religiöse Minderheit mit hohem Solidaritätsgefühl und großer Anpassungsfähigkeit nahmen die Parsen auch den prägenden Einfluß der britischen Kolonialkultur rasch auf und sind die am meisten verwestlichten Mitglieder der Gujarati-Sprachgruppe. Sie folgten — ähnlich wie die Gujarati-Brahmanen und wie später die Patel — dem Angebot gut bezahlter Verwaltungsstellen in Ostafrika und fanden dann auch den Weg ins Geschäftsleben. In den freien Berufen sind sie ebenfalls vertreten. Ihre Zahl in Ostafrika geht ähnlich wie die der Gujarati-Brahmanen nicht über einige hundert Familien hinaus.

II. Der Panjabi/Urdu-sprechende Bevölkerungsteil

Das Fünfstromland (Panjab) nimmt in vieler Hinsicht eine Schlüsselstellung im indischen Subkontinent ein. Es war das Haupteinfallstor nach Indien, es war zugleich die Kornkammer Indiens und ein Heerlager, aus dem die Rekruten für die britisch-indische Armee hervorgingen. Eroberungen, Bekehrungen, Heeresdienst und Unternehmungslust machten die Panjabi beweglich und auswanderungsfreudig. Sie fanden daher auch in großen Scharen den Weg nach Ostafrika. Doch hatten sie nicht wie die Händlergruppen Gujarats alte Beziehungen zu Afrika durch die Kenntnis des Seeweges. Sie wurden erst im Zeitalter der Uganda-Eisenbahn angezogen. Viele von ihnen waren am Bau der Bahn beteiligt; andere füllten die Verwaltungsposten, die nach der Erschließung des Landes in wachsendem Maße geschaffen wurden.

Ähnlich wie die Gujarati-sprechende Gruppe gehören sie verschiedenen Religionen an und werden auch durch das gemeinsame Band der Sprache verbunden. Doch Panjabi läßt sich nicht ohne weiteres mit Gujarati vergleichen, denn es ist im Grunde ein Sprachkomplex und keine einheitliche Schriftsprache. In einer Hinsicht ist Panjabi ein Dialekt des Hindi oder auch des von den Mohammedanern gesprochenen Urdu, je nachdem, wie man es betrachten will. Die Schriftsprache der Provinz war entweder das in der Nastaliq-Schrift geschriebene Urdu oder das in der Gurmukhi-Schrift geschriebene Panjabi der Sikh. Aber auch die Sikh, die des Schreibens und Lesens kundig sind, können Urdu, das als Hof- und Amtssprache gedient hatte.

1. Sikh

Die am deutlichsten erkennbare Gruppe des Panjabi-sprechenden Bevölkerungsteils sind ohne Zweifel die Sikh, die auch hier in Ostafrika, durch Turban und Bart gekennzeichnet, auf den ersten Blick zu erkennen sind. Die Sikh repräsentieren in erster Linie eine Schicht, die in dem Gujarati-sprechenden Bevölkerungsteil bis auf einige wenige unansehnliche Gruppen fast völlig fehlt, nämlich die Schicht der Facharbeiter. Vor allem eine Untergruppe der Sikh, die Ramgarhia, sind in erster Linie Handwerker.

Viele von ihnen kamen zum Bau der Eisenbahn ins Land, doch nur wenige dieser Arbeiter und ihre Nachkommen sind im Lande verblieben. Die meisten von ihnen waren typische Gastarbeiter, die ihren Lohn in der Heimat anlegen wollten und nach dem Abschluß der Arbeiten zurückströmten. Doch etliche von ihnen fanden den Weg in neue Beschäftigungszweige. So sind etwa die Sägemühlen und die Autoreparaturwerkstätten in vielen Teilen Ostafrikas nahezu ein Monopol der Sikh. Andere wieder gingen ins Baugewerbe und die damit im Zusammenhang stehenden Berufszweige des Bauingenieurs und des Architekten.

Da sich die Sikh in erster Linie auf ihre Fachkenntnisse und ihre handwerklichen Fähigkeiten verlassen können, sind sie in gewisser Hinsicht die beweglichste Gruppe der asiatischen Minderheit und könnten ohne allzu große Übergangsschwierigkeiten jederzeit nach Indien zurückkehren. Sie haben daher auch weit weniger als andere Gruppen das Gefühl, sich mit Ostafrika identifizieren zu müssen. An vielen Orten machen sich diese Rückwanderungstendenzen bereits seit einiger Zeit bemerkbar, und fast alle Sikhgemeinden Ostafrikas nehmen ständig ab.

Ein weites Netz von Gurdwaras (Sikh-Tempel) in Ostafrika zeugt davon, daß der Gemeinsinn der Sikh stark ausgeprägt ist. Nairobi, der Schwerpunkt der Sikh, zeichnet sich durch eine besonders große und moderne Gurdwara aus, die wohl das größte religiöse Gebäude Ostafrikas sein dürfte. In der Nähe jedes dieser Tempel befindet sich immer auch ein Rasthaus und eine große Stätte, an der die Gemeindeessen veranstaltet werden; ebenso gehört zumeist eine Khalsa-Schule zu diesem Gebäudekomplex. Die Aufrechterhaltung dieser großen Gemeindebauten wird mit dem Rückgang der Zahl der Gemeindemitglieder immer schwieriger; doch war bis jetzt noch nirgends eine ernste Krise zu spüren.

Es gibt ca. 40 Gurdwaras in Ostafrika, die jeweils von einer Sri Guru Singh Sabha unterhalten werden. Die größten Gemeinden sind naturgemäß Nairobi, Mombasa, Dar es Salaam und Kampala. Aber auch Arusha, Dodoma, Tabora, Iringa und Mwanza in Tanganyika weisen Sikh-Tempel auf. Besonders zahlreich sind jedoch die Gurdwaras in Kenya. Dort besitzt nahezu jede Mittel- und Kleinstadt ein Gurdwara (z. B. Kisumu, Kitale, Nakuru, Nyeri, Thika, Eldoret, Nanyuki). Kenya hat mit einer Zahl von etwa

21 000 den größten Anteil an der Sikh-Bevölkerung Ostafrikas, die insgesamt rd. 35 000 erreichen dürfte.

2. Panjabi Hindu

In demselben Maße wie die Sikh wurden auch die Panjabi Hindu von der Erschließung Ostafrikas durch die Uganda-Eisenbahn angezogen. Sie übernahmen in erster Linie Verwaltungsaufgaben. Als religiöse Vereinigung spielte hier wie in ihrer Heimat der Arya Samaj eine große Rolle. Der Lebenslauf des Gründers des Arya Samaj in Ostafrika, Badrinath Arya, ist typisch für die Karriere und die religiösen Anliegen vieler seiner Landsleute. Badrinath Arya stammt aus Lahore, trat dort im Jahre 1892 mit 17 Jahren in den Dienst der Eisenbahnverwaltung und wurde nach neun Jahren Dienst nach Afrika entsandt, wo er im Laufe einer langen Dienstzeit zum Hauptbuchhalter der Uganda-Eisenbahn aufstieg. Er war schon in seiner Heimat unter den Einfluß des Arya Samaj gekommen und hatte eine Schule dieser Religionsgemeinschaft besucht. Tief beeindruckt von der moralischen Haltlosigkeit seiner Landsleute in Ostafrika wurde er zum Laienprediger und Missionar und gründete im Jahre 1903 die erste Arya Samaj-Gemeinde in Ostafrika.

Der Arya Samaj hat alle Panjabi Hindu Ostafrikas beeinflußt und wirkte selbst über den Rahmen dieser Gruppe hinaus. So gehört zum Beispiel der große Lohana-Millionär von Uganda, Nanjibhai Kalidas Mehta, zu den wichtigsten Förderern des Arya Samaj.

In Berufsstruktur, Ausmaß und Einfluß ähnelt die Gruppe der Panjabi Hindu der Gruppe der Gujarati Patel. Auch unter ihnen findet man viele Vertreter der freien Berufe; ein großer Teil der erwachsenen Generation ist noch in Indien geboren, und die Beziehungen zum Herkunftsland werden weiterhin sehr intensiv gepflegt. Der Schwerpunkt der Gruppe liegt in Kenya.

3. Panjabi Moslems

Im Unterschied zu den shiitischen, Gujarati-sprechenden Moslems sind die Panjabi Moslems fast ausnahmslos Sunniten. Viele von ihnen kamen aus dem Bezirk Sialkot (West-Panjab) und arbeiteten am Eisenbahnbau mit. Sie haben ebenfalls ihren Anteil an den freien Berufen. Da sich die Mohammedaner in Indien aber nur zögernd der westlichen Bildung zuwandten, ist die Zahl der für diese Berufe qualifizierten Kräfte in den Reihen ihrer Gruppe geringer. Allerdings hat die Gruppe etliche Mitglieder aufzuweisen, die in Lahore oder in England ausgebildet worden sind, und ist dadurch den alteingesessenen Gujarati-sprechenden Mohammedanern überlegen. Sie spielte deshalb in der Muslim Association und später in der auch in Ostafrika organisierten Muslim League eine bedeutende Rolle.

Die Gesamtzahl der Panjabi-sprechenden Personen ist etwa ebenso groß wie die der Gujarati-sprechenden. In Kenya dürfte der Panjabi-sprechende Teil sogar überwiegen.

III. Kleinere indische Sprachgruppen

Im Gegensatz zu diesen großen Bevölkerungsgruppen sind die anderen Provinzen Indiens nur in ganz bescheidenem Maße in Ostafrika vertreten. Aus Maharashtra und Bengalen, zwei Provinzen, die sich schon früh durch eine westliche Bildungsschicht auszeichneten, kamen vor allem Ärzte und Lehrer, die zumeist von der Regierung oder von privaten Organisationen in Indien angeworben wurden, und die mit einem spezifischen Auftrag versehen nach Ostafrika auswanderten. Auch andere Spezialberufe, wie etwa die des Journalisten, des Schriftsetzers, des Laboranten, des Bankbeamten, des leitenden Angestellten etc., sind von Angehörigen dieser Gruppen eingenommen worden. Doch dürfte es in ganz Ostafrika allenfalls etwa 2000 Marathi-sprechende und nur wenige hundert Bengali-sprechende Angehörige der asiatischen Minderheit geben. Auch die Südinder sind nur in sehr geringer Anzahl vertreten.

IV. Goanesen

Das kleine Goa, das nie mehr als etwa 500 000 Einwohner hatte, von denen etwa die Hälfte katholische Christen sind, ist ein reiches Reservoir strebsamer und zum größten Teil gut ausgebildeter Kräfte. Allein in der Stadt Bombay leben fast ebensoviel Goanesen wie in Goa selbst, und auch Ostafrika wurde schon früh zum Ziel dieser auswanderungsfreudigen Gruppe. Die katholischen Goanesen sind die am stärksten verwestlichte Gruppe der Asiaten. Sie haben sich durch die Annahme portugiesischer Namen, durch Kleidung und Lebensstil zunächst der mediterranen Ausdrucksform der westlichen Kultur angepaßt, haben sich aber darüber hinaus zusätzlich zu ihrer Muttersprache Konkani und der portugiesischen Sprache auch schnell die englische Sprache angeeignet und sind als loyale und dienstbeflissene Verwaltungsbeamte den britischen Kolonialherren zu unentbehrlichen Helfern geworden. Auf Grund ihrer Religionszugehörigkeit und ihrer Annahme westlicher Sitten dünkten sie sich zumeist über die anderen Asiaten erhaben und bestanden auf ihrem Sonderstatus. Trotz ihres im Durchschnitt recht hohen Bildungsniveaus konnten sie daher unter den Asiaten kaum eine Führungsrolle übernehmen. Viele von ihnen hatten portugiesische Pässe und sahen eher im fernen, den meisten von ihnen unbekannten Lissabon den Angelpunkt ihrer Existenz als im heimatlichen Goa oder gar in Afrika.

Insgesamt lebten 1964 etwa 12 000 Goanesen in Ostafrika, davon allein etwa 4000 in Nairobi, rd. 2000 in Mombasa, schätzungsweise 2500 in

Dar es Salaam und etwa 1200 in Kampala. Damit stellen sie in den großen Städten etwa 10 vH der asiatischen Minderheit dar. In den kleineren Provinzstädten beschränkt sich ihr Anteil an der Minderheit auf 2—5 vH. Ein großer Teil der Goanesen arbeitete bislang in den Regierungsdienststellen und in der Eisenbahnverwaltung, viele von ihnen auch als Bankangestellte. In den freien Berufen ist der Anteil der Goanesen ebenfalls größer, als es dem Bevölkerungsanteil entsprechen würde. Im Handel sind nur wenige goanesische Firmen auf die Dauer erfolgreich gewesen. Nur der Weinhandel und der damit verbundene Bar- und Restaurationsbetrieb haben einigen goanesischen Firmen zum Erfolg verholfen.

Das gesellschaftliche Leben der Goanesen konzentriert sich in den sehr gut ausgestatteten Goan Institutes, die es in jeder der großen Städte gibt. Die Gruppe unterstützt auch eine Reihe von Schulen und ist sehr bildungsbewußt, hängt doch die Zukunft der jungen Generation einer zumeist aus Verwaltungsangestellten bestehenden Gruppe in erster Linie von der Schulbildung ab.

C. Die Rolle der Minderheit in der Wirtschaft

Die Rolle der Asiaten im kolonialen Wirtschaftsgefüge war die des Lückenbüßers. Sie waren Pioniere der geldwirtschaftlichen Durchdringung des weiten Landes, aber sie arbeiteten im Rahmen des kolonialen Systems, das die Kontrolle und letzten Endes auch den größten Teil des Ertrages in die Hände der Kolonialherren gab. Es kam zu einer nutzbringenden Symbiose der großen britischen Handelshäuser mit den asiatischen Groß- und Einzelhändlern, die auch dort noch mit Gewinn Handel treiben konnten, wo ein europäischer Händler überhaupt nicht ins Geschäft gekommen wäre.

In ähnlicher Weise ergab sich später auf dem Gebiet der Dienstleistungen ein Zusammenwirken von britischen Beamten und indischen Verwaltungsangestellten, die mithalfen, ein großes Kolonialreich mit geringen Personalkosten zu regieren. Wie schon aus den vorangegangenen Schilderungen der einzelnen Gruppen hervorgeht, wuchsen die verschiedenen Schichten der asiatischen Minderheit nach und nach in diese Funktion hinein. Für jede neue Aufgabe boten sich neue Gruppen an.

I. Groß- und Einzelhandel

Zu Beginn dieses Jahrhunderts waren die britischen Kolonialherren sehr daran interessiert, daß ihnen die asiatischen Händler halfen, die deutschen Wettbewerber aus dem Felde zu schlagen, die mit Eifer und Kredit ins Innere des Landes vordrangen. Den Ismaeliten, Bohra, Lohana und Shah gelang das auch in ganz erstaunlichem Maße. Sie überflügelten sehr rasch die Araber, die kaum von ihren überkommenen Handelsmethoden und alten Karawanenrouten abwichen. Das Netz dieser Großhandelsorganisationen nahm zumeist von Mombasa und später auch von Nairobi seinen Ausgang. Dar es Salaam blieb zurück und bildete eine Sackgasse, denn selbst das Hinterland in Tanganyika ließ sich rascher von Mombasa aus versorgen.

Ein typisches Beispiel für diese Art der Organisation ist eine alte Ismaeliten-Firma in Mombasa, die nahezu 600 Einzelhändler mit allen möglichen Importartikeln versorgt, darunter vor allem auch mit deutschen Markenartikeln. Von diesen 600 Einzelhändlern sitzt mehr als die Hälfte in Tanganyika, und nur etwa 200 von den 600 sind Ismaeliten. Über ein so weitgespanntes Netz von Kunden lassen sich auch Nachrichten über Bedarf und Kreditwürdigkeit einholen.

Im allgemeinen ist der Geschäftsverkehr sehr offen und marktorientiert. Die meisten asiatischen Geschäftsleute in Ostafrika sind der Ansicht, daß sie sich sehr schwer in dem weitaus mehr auf Beziehungen, Familienbindungen und Kenntnissen von Regierungsmaßnahmen u. a. m. beruhenden Geschäftsgebaren, das in Indien üblich ist, zurechtfinden würden, wenn sie dazu gezwungen wären dorthin zurückzukehren.

Entsprechend der kolonialen Situation importierten auch die größten asiatischen Handelshäuser nur selten direkt. Sie hingen von den britischen Großfirmen ab, die zumeist Ex- und Importeure waren und auch als Agenten der großen Reedereien fungierten. Solange die nun unabhängigen Regierungen nicht dazu übergehen, die Wirtschaftsverhältnisse in entscheidendem Maße durch Einfuhrbeschränkungen und Schutzzölle umzugestalten, wird diese Struktur weiterbestehen. Da die ostafrikanischen Staaten sich um ihre Devisen- und Handelsbilanz bisher kaum zu sorgen brauchten, wurden einschränkende Maßnahmen dieser Art aus finanziellen Gründen nicht notwendig; sie könnten höchstens von politischen Entscheidungen abgeleitet werden.

In Tanganyika machen sich vom Staat gegründete Handels-Genossenschaften (Cosata, Intrata) bemerkbar, die in erster Linie den Zweck haben, den Zwischenhandel auszuschalten, und denen durch Regierungserlasse immer weitere Handelsbranchen als ausschließliches Wirkungsfeld zugewiesen werden. In Kenya und Uganda ist man noch nicht ganz so weit; aber es ist nur eine Frage der Zeit, und dann werden auch dort im wachsenden Maße Instrumente dieser Art dazu benutzt werden, die asiatische Minderheit aus dem Zwischenhandel herauszudrängen.

Der Einzelhandel, der noch weitgehend in der Hand des kleinen asiatischen „Dukawala" (Ladenbesitzer) ist, wird in zunehmendem Maße von afrikanischen Händlern übernommen werden. Die indischen Großhändler sind aus eigenen Geschäftsinteressen bereit, diesen Zug der Zeit mitzumachen. Viele von ihnen bemühen sich darum, mehr und mehr afrikanische Einzelhändler in den Kreis ihrer Kundschaft einzubeziehen. Doch die asiatischen Händlerschichten werden sich auf die Dauer nicht dem doppelten Zugriff entziehen können, der ihnen durch den staatlich-genossenschaftlichen Einbruch in das Gebiet des Großhandels und die offizielle Förderung des afrikanischen Einzelhandels droht. Einsichtige Vertreter der asiatischen Händlergruppen raten daher schon jetzt dazu, an dieser Front den Rückzug anzutreten und der jungen Generation der Minderheit durch eine Differenzierung der Berufsausbildung andere Chancen des Broterwerbs zu eröffnen. Für die seit Generationen dem Handel verschworenen Gruppen ist dies jedoch leichter gesagt als getan.

In den Augen der afrikanischen Öffentlichkeit, selbst in den Augen gebildeter und sachkundiger Afrikaner, fließen bei der Betrachtung des asiatischen Händlers zumeist Ursache und Wirkung des bestehenden Systems zusammen. Der asiatische Händler wird nicht als Endglied und im Grunde gar nicht so gut bezahlter Vollstrecker weltwirtschaftlicher Gegebenheiten erkannt, sondern man schreibt ihm einen hohen Grad an Eigeninitiative und Entscheidungsfreiheit zu. Aus der lokalen Perspektive gesehen, werden die nur schemenhaft erkennbaren Umrisse der großen weltwirtschaftlichen Zusammenhänge von der deutlich sichtbaren Gestalt des asiatischen Mittelsmannes verdeckt. Die beschränkten Möglichkeiten des ostafrikanischen Marktes, der zwar ein riesiges Gebiet, aber eine verhältnismäßig geringe Bevölkerung umfaßt, werden oft überschätzt angesichts des Wohlstandes, den einige asiatische Handelshäuser an Ort und Stelle errungen haben. Erst wenn die afrikanischen Regierungen versuchen, voll und ganz die Funktion dieses Mittelsmannes zu ersetzen, werden sie feststellen, welche Grenzen der Wirtschaftstätigkeit gesetzt sind und mit welchen verhältnismäßig geringen Kosten das asiatische Handelsnetz seine Aufgabe erfüllte.

Diese Unkenntnis und das gegenseitige Mißtrauen gelten aber nicht nur für die afrikanische öffentliche Meinung. Die asiatische Minderheit ist bei all ihrer geschäftlichen Tüchtigkeit ebenfalls recht beschränkt in ihrem Erfahrungsbereich und ihrem Vorstellungsvermögen. Nur wenige ihrer Mitglieder sind in der Lage, in größeren wirtschaftlichen Zusammenhängen zu denken. Die meisten wissen nur um die engumschriebenen Gegebenheiten ihrer eigenen Geschäftspraxis.

Diese Beschränktheit spiegelt sich auch in der Struktur der Handelskammern wider. Fast überall bestehen europäische und asiatische Handelskammern nebeneinander, ohne daß eigentlich auf diesem Gebiet eine prinzipielle Rassentrennung angestrebt worden ist. Doch hat sich schon dadurch, daß in den asiatischen Handelskammern zumeist Gujarati Verkehrssprache ist, eine Trennung von selbst ergeben. Die verschiedenen Funktionsebenen sind damit nur um so deutlicher gekennzeichnet. Die Neugründungen sogenannter nationaler Handelskammern, in denen europäische, asiatische und afrikanische Geschäftsleute zusammenwirken sollen, ist daher vielfach begrüßt worden. Aber diese neuen Organisationen, die zum Teil von erfahrenen Geschäftsleuten getragen werden, die auch weiterhin in den anderen Handelskammern aktiv sind, haben bisher nur einen gewissen Propagandawert. Sie sind noch keine ernsthafte Konkurrenz für die traditionellen Handelskammern und dienen oft nur als Plattform, um so seine Partnerschaft mit den Afrikanern zu bekunden.

Die Frage der Partnerschaft ist für die asiatischen Handelsfirmen ein besonderes Problem. Manche europäischen Firmen können im Rahmen ihres anonymer gestalteten Geschäftsbetriebes leicht auch einen afrikanischen Partner oder Direktor einplanen und somit der Forderung der Partnerschaft Genüge tun. Eine solche Lösung ist in den asiatischen Firmen, die zumeist Familienbetriebe sind, in denen außerdem für den internen Hausgebrauch meist Gujarati gesprochen wird, kaum möglich. Das führt dazu, daß — mit afrikanischen Augen gesehen — die europäischen Firmen als gutwillig und einsichtig erscheinen, während den asiatischen Händlern ihre falschen Beteuerungen und ihre scheinbar böswillige Exklusivität vorgeworfen werden. Auch in diesem Fall wird ein Strukturelement sozusagen ethisch bewertet und als Grundfrage der Charakterhaltung betrachtet. Es wird nicht eingesehen, daß sich die asiatischen Firmen von den großen europäischen Überseefirmen strukturell grundsätzlich unterscheiden.

Die Propaganda der britischen Siedler und die Politik der Kolonialmacht haben wesentlich dazu beigetragen, die asiatische Minderheit in Verruf zu bringen. Wir werden weiter unten näher darauf eingehen; hier sei nur auf die wirtschaftlichen Aspekte hingewiesen. Die Siedler, die gegen ein Anwachsen der asiatischen Einwanderung waren und entsprechende Gesetze forderten, waren rasch bei der Hand, die Asiaten der Ausbeuterei zu bezichtigen. In Wirklichkeit bestand unter der kolonialen Herrschaft ein Zoll- und Preissystem, das in jeder Einzelheit die europäische Minderheit begünstigte und die Hauptlast auf die große Masse der Verbraucher abwälzte. So wurde etwa für Kühlschränke und andere Gegenstände des gehobenen Verbrauchs kein oder nur ein geringfügiger Zoll gezahlt; Gebrauchsgegenstände mit verschiedenen Preisstufen, z. B. Oberhemden, wurden mit einer gleichhohen Verbrauchssteuer belegt, die die billigere Ware weitaus mehr traf als die Qualitätsware, die für den Gebrauch der Europäer bestimmt war. Der afrikanische Verbraucher, der sich in diesen Kunstgriffen finanztechnischer Diskriminierung nicht auskannte, glaubte jedoch, daß der asiatische Händler an der Teuerung schuld sei.

Die ausgesprochen diskriminierenden Gesetze der britischen Kolonialmacht, die zum Beispiel in Kenya die Freizügigkeit der Afrikaner wesentlich beeinträchtigten und auch die Kreditgewährung an Afrikaner nur bis zu einem Betrag von 200 Schillingen erlaubten, taten ein übriges, um die Rassenschranken unüberwindlich zu machen und die Afrikaner von einer Teilnahme am Geschäftsleben auszuschließen. Asiatische Händler gingen meist über diese gesetzlichen Grenzen bei der Kreditgewährung hinaus, mußten es aber oft erleben, daß sich zahlungsunwillige afrikanische Schuldner dann hinter dem Gesetz verschanzten.

Die Exklusivität der asiatischen Händler ist also nicht nur eine Folge von Sprache, Kultur und Geschäftsgebaren. Sie wurde verstärkt durch den gesetzlichen Rahmen, den die Kolonialherren dem Wirtschaftsleben Ostafrikas gaben.

II. Industrie und Landwirtschaft

Das koloniale System, das der wirtschaftlichen Tätigkeit der asiatischen Minderheit enge Grenzen zog, bot wenig Ansätze für Investitionen außerhalb des Handels. Ostafrika war ohnehin ein Land, in dem das ganze Geschäftsleben zunächst vom Kredit abhing, und dieser Kredit wurde in erster Linie für den Handel in Anspruch genommen. Allein aus dem Exportgeschäft ergaben sich gewisse Anregungen für die Anlage von Kapital in der Plantagenindustrie und der mit ihr verbundenen Aufbereitung des Rohmaterials. Zucker und Baumwolle in Uganda und später — vor allem in Tanganyika — Sisal boten gute Ansatzpunkte. Gerade auf diesen Gebieten bemühen sich heute die afrikanischen Regierungen, die asiatischen Geschäftsleute zu verdrängen und die Aufbereitung — wie etwa bei der Baumwolle — in die Hände von Genossenschaften zu überführen. Die wirtschaftliche Machtstellung, die sich einige asiatische Unternehmer auf diesem Gebiet errungen haben, wird heute als Monopolstellung von den Regierungen abgelehnt.

Nachdem der Handel als Ausbeuterei verpönt und die Schlüsselstellung in der Aufbereitung gewisser Rohprodukte unerwünscht ist, muß sich der asiatische Unternehmer nach neuen Investitionsmöglichkeiten umsehen. Es bieten sich dabei zunächst zwei Möglichkeiten an: die Herstellung von Konsumgütern, mit denen man bisher gehandelt hat, und die Fabrikation von Fertigwaren aus den Rohprodukten des Landes. Beide Wege erfordern Sach- und Marktkenntnis, die über den Rahmen der bisherigen Wirtschaftstätigkeit der asiatischen Minderheit hinausgehen. In kleinerem Umfang mag es ohne große Schwierigkeiten gelingen, diese neuen Wege einzuschlagen. So zum Beispiel, wenn ein Großhändler in Mombasa darangeht, die Herrenoberhemden, die er bisher einführte, mit Hilfe eines japanischen Partners in Mombasa selbst herzustellen. Die Marktkenntnis des Großhändlers reicht in diesem Falle wahrscheinlich dazu aus, die Produktions- und Verkaufschancen angemessen zu beurteilen.

Schwieriger wird es schon, wenn es um größere Projekte geht, bei denen die Beurteilung durch das Fehlen geeigneter Absatzstatistiken erschwert wird. Ein typischer Fall hierfür ist das Scheitern eines mit großen Hoffnungen angekündigten Projekts einer Glühbirnenfabrik. Dieses Projekt war sogar von deutschen Beratern empfohlen worden. Doch stellte es sich heraus, daß die Aufnahmefähigkeit des ostafrikanischen Marktes so begrenzt ist, daß die geplante Fabrik nicht hätte ausgelastet werden können, und daß sich die Produktion von Glühlampen unterhalb einer gewissen Kapazitätsgrenze nicht lohnt. Die Herstellung von Holztüren und anderem Baumaterial, die eine Firma in Arusha in Zusammenarbeit mit einer deutschen Firma plant, scheint dagegen wieder mehr Aussicht auf Erfolg zu haben. Diese Firma in Arusha sieht sich durch Regierungsmaßnahmen aus dem Getreidegeschäft verdrängt und hat sich daher zu dieser industriellen Investition entschlossen. Ein Geschäftsmann in Nairobi wiederum denkt an die Herstellung von Strick- und Wirkwaren und möchte die Regierung dazu anregen, die Einfuhr von Wollfertigwaren zu beschränken und die Strickmaschinen zollfrei importieren zu lassen.

Auch der andere Weg, die Fabrikation von Fertigwaren, die für den Export geeignet sind, wird bereits beschritten. Eine große Firma in Nairobi, die zunächst einen Teil ihres Kapitals in Sisalplantagen in Tanganyika investiert hatte, diese aber wieder verkaufte, als es hieß, daß die Regierung die Sisalplantagen stärker besteuern werde, plante daraufhin die Herstellung von Teppichen aus Sisalfasern. Investitionen dieser Art verlangen jedoch viel Kapital und eine Kenntnis der Absatzmöglichkeiten auf dem Weltmarkt. Diese Kapitalkraft und diese Kenntnisse haben nur wenige Firmen, die dann lieber in Pakistan und Indien investieren, wo der große Markt und die Garantien der Regierung einen höheren Wirkungsgrad der Investition versprechen.

Auf Anregung des Aga Khan ist vor kurzem in Ostafrika eine Organisation aufgebaut worden, die zunächst den Mangel an Kenntnissen beheben sollte. Die Anregung zur Schaffung einer solchen Organisation mit dem Namen „Industrial Promotion Services" (IPS) ist von der deutschen Firma Kienbaum ausgegangen. Sie sollte ursprünglich im Auftrag örtlicher Kapitalgeber die Planung ganzer Industrien durchführen und sich diese Tätigkeit nach Art eines Ingenieurbüros honorieren lassen. Man hoffte, den Investitionslustigen auf diese Weise nützliche und wohldurchdachte Projekte sozusagen mundgerecht zu machen und die Händlerkreise zur Zusammenarbeit in gemeinsam finanzierten Industrieunternehmungen anzuregen.

Das Scheitern dieser an sich guten Idee zeigt deutlich die Probleme, die einer derartigen Planung in Ostafrika entgegenstehen. Ein Grund für dieses Scheitern war das Mißtrauen der Händlerkreise, die zu einer großangelegten finanziellen Zusammenarbeit nicht besonders geneigt sind und außerdem nicht einsehen wollen, wozu man für Planungsaufgaben, die sich nicht in die normalen Kategorien der kaufmännischen Buchhaltung einordnen lassen, teures Geld ausgeben soll. Die Planung selbst wurde dadurch erschwert, daß es an verläßlichen Statistiken fehlte und daher die Produktionskapazitäten und die Absatzmöglichkeiten nicht in Einklang gebracht werden konnten, wie es der schon erwähnte Plan einer Glühbirnenfabrik, der von IPS stammt, sehr deutlich zeigt. Das Mißtrauen der Händler war daher gar nicht so unberechtigt. Sie hatten sich instinktiv den begrenzten Möglichkeiten des ostafrikanischen Marktes angepaßt und standen jedem großangelegten Plan, diese Beschränkungen zu überwinden, skeptisch gegenüber, selbst wenn der Aga Khan persönlich dem Unternehmen seinen Segen gegeben hatte.

IPS zog die Konsequenzen aus dieser Lage und verwandelte sich nach Überwindung der Kienbaum-Phase von einer Beratungs- und Planungsagentur in eine Art von Investmenttrust, der seinerseits Kapital aufnimmt und Investitionen durchführt. Das erste dieser Projekte war eine Textilfabrik in Tanganyika. Das Direktorium von IPS besteht zur Zeit aus einem Rechtsanwalt, einem ausländischen Experten und einem erfahrenen Geschäftsmann, der auf Wunsch des Aga Khan seine eigenen Geschäftsinteressen in Mombasa aufgegeben hat, um sich ganz der neuen Organisation zu widmen. Auf diese Weise wird diese zunächst recht theoretisch konzipierte Organisation, die aber aus den bisherigen Fehlern gelernt hat, nach und nach ein geeignetes Tätigkeitsfeld im ostafrikanischen Wirtschaftsleben finden und dann vielleicht doch in der Lage sein, den asiatischen Händlerkreisen durch Beispiel und Anregung den Weg zu neuen Investitionsmöglichkeiten zu weisen [1].

Ein neuer Weg ergibt sich eventuell aus solchen Ansätzen wie den Investment-Clubs, die von einem klugen Ismaeli-Geschäftsmann in Mombasa gegründet worden sind. Die Clubs bestehen jeweils aus einer Reihe von Investitionsfreudigen, die je fünf Pfund einzahlen. Die Gesamtsumme wird dann auf dem Weg über die Börse investiert. Eine britische Bank versorgt die Investment-Clubs mit aktuellen Informationen.

Investitionen in der Landwirtschaft, die in Ostafrika weiterhin am aussichtsreichsten sein dürften, sind ebenfalls nicht unproblematisch. Die Fähigkeiten und die Einsatzfreudigkeit für diesen Wirtschaftszweig sind in der asiatischen Minderheit durchaus vorhanden, selbst einige Mitglieder der traditionellen Händlergruppen haben dies bewiesen, und die Patel und Sikh, die zu den erfolgreichsten landwirtschaftlichen Unternehmern Indiens gehören, wären ohne Zweifel auch in Ostafrika in der Lage, ihre Fähigkeiten zu entwickeln. Im Rahmen des Kolonialsystems wurden ihnen jedoch dazu kaum Möglichkeiten geboten. Und da für die unabhängigen Regierungen, vor allem für die Regierung von Kenya, die Landfrage in erster Linie ein politisches Problem ist, ist auch jetzt der Asiate als Landwirt nicht sehr willkommen. Der Aga Khan hat daher die Parole ausgegeben, daß seine Gruppe in Kenya den Landkauf vermeiden, in Tanganyika aber ihr Kapital soweit wie möglich in der Landwirtschaft investieren solle.

Neue Entwicklungen in der Landwirtschaft haben in Ostafrika oft große Chancen. Das Saatbohnengeschäft, das in wenigen Jahren erhebliche Fortschritte gemacht hat und an den Vulkanbergen Nordtanganyikas an Wert und Umfang in kurzer Zeit die traditionelle Ernte dieser Gegend, den Kaffee, eingeholt hat, ist ein gutes Beispiel für eine Entwicklung dieser Art. Die Organisation des Anbaus der Saatbohnen, ihre Aufbereitung und ihr Export werden zu einem großen Teil von Asiaten betrieben.

Sisal- und Kaffeeplantagen sind ebenfalls von Mitgliedern der asiatischen Minderheit aufgekauft worden. Aber ein allgemeines Gefühl der Unsicherheit und vage Vermutungen über Art und Zeitpunkt von Eingriffen der Regierung wirken einer langfristigen Investition in Industrie und Landwirt-

---

[1] Vgl. hierzu auch N. Ahmad und E. Becher, Entwicklungsbanken und -gesellschaften in Tropisch-Afrika, Afrika-Studien, Heft 1, 1964, S. 21 und 54.

schaft entgegen. Es ist ein Zeichen des Optimismus, daß sich immerhin noch etliche Asiaten finden, die bereit sind, ihr Kapital im Lande festzulegen, während bereits viele vorsichtige Händler ihr Kapital im Ausland in Sicherheit gebracht haben und die laufenden Handelsgeschäfte inzwischen mit kurzfristigen Krediten finanzieren.

III. Verwaltung, Dienstleistungen und Bildungswesen

Wie schon im vorigen Kapitel gesagt wurde, liegt der Beitrag der asiatischen Minderheit zum ostafrikanischen Wirtschaftsleben nur zu einem Teil in der Leistung der Händlergruppen; er beruht wesentlich auch auf den Dienstleistungen von Tausenden von Verwaltungsbeamten, Buchhaltern, Handwerkern, Lehrern usw. Sie bildeten bisher das Rückgrat der Verwaltungsmaschinerie. Viele hohe europäische Beamte sind von einem Tag auf den anderen durch zumeist noch recht junge afrikanische Beamte ersetzt worden, da es für die unabhängigen Regierungen von entscheidender Bedeutung war, diese Schlüsselstellungen mit Männern ihrer Wahl zu besetzen. Den Mittelbau hat man zunächst noch kaum angetastet. Viele Asiaten sind sogar in Stellungen aufgestiegen, die vorher nur europäischen Beamten vorbehalten waren.

Aber die unabhängigen Regierungen, die sich zu einer raschen „Afrikanisierung“ verpflichtet haben, sehen die asiatischen Beamten und Verwaltungsangestellten nicht gern. Auf Grund einer Schätzung waren 1964 in Kenya etwa 1200 höhere Verwaltungsposten unbesetzt, da man nicht sofort geeignete afrikanische Anwärter fand, aber die Stellen nicht mit Asiaten besetzen wollte. Über die Auslegung des Begriffes „Afrikanisierung“ ist man sich oft nicht ganz klar. Dieses Problem ist eng mit der Frage der Staatsangehörigkeit verbunden, über die weiter unten berichtet wird. Kurz gesagt geht es darum, ob jeder Staatsangehörige eines afrikanischen Staates sich als Afrikaner bezeichnen darf, oder ob nur der Afrikaner schwarzer Hautfarbe auf diese Bezeichnung Anspruch erheben kann. Den Mitgliedern der asiatischen Minderheit ist es inzwischen an vielen Orten klar geworden, daß sie auch dann, wenn sie die Staatsangehörigkeit eines afrikanischen Staates besitzen, nicht als Afrikaner anerkannt werden und ihre Stellung im Zuge der Afrikanisierung bei nächster Gelegenheit verlieren können.

Diese Situation hat eine ausgesprochen demoralisierende Wirkung auf die Beamten und Angestellten. Viele planen daher, sich sobald wie möglich nach Indien in den Ruhestand zu begeben. Doch damit stehen sie vor einem Dilemma: in Afrika sind sie an einen bestimmten Lebensstandard gewöhnt, den sie von ihrer Rente kaum aufrechterhalten können. Indien bietet ihnen mehr Möglichkeiten, sich ihren Mitteln entsprechend einzurichten; andererseits aber ist es für sie schwer, sich an die Beschränkungen des indischen

Lebensstils zu gewöhnen. Da den meisten von ihnen Fälle von Rückwanderern bekannt sind, die es in Indien nicht ausgehalten haben, verstärkt sich damit das Gefühl, auf verlorenem Posten zu stehen und keinen rechten Ausweg zu haben.

Es kommt hinzu, daß hiervon auch der typische Ehrgeiz des kleinen oder mittleren Beamten berührt wird, es seinem Sohn zu ermöglichen, die Beamtenlaufbahn ein Stück weiter hinaufzuklimmen. Die Berufsaussichten der jungen Generation der asiatischen Minderheit in Ostafrika sind durchaus ungewiß. Trotzdem fördert die asiatische Minderheit nach wie vor das Bildungswesen in Ostafrika. So ist etwa das Royal College of Technology, jetzt University College, Nairobi, von der asiatischen Minderheit, die auch etwa die Hälfte der Studenten stellt, ganz entscheidend durch Stiftungen unterstützt worden. Die Stiftungen der asiatischen Minderheit für den Schulbau zeigen ebenfalls das intensive Interesse am Ausbau aller Bildungswege. Die Schulen stehen in allen ostafrikanischen Staaten mehr oder weniger unter Regierungskontrolle und erhalten staatliche Zuschüsse. Darüber hinaus baut die asiatische Minderheit hier und dort auch noch Privatschulen, in die die Kinder gehen können, die bei den staatlichen Aufnahmeprüfungen durchgefallen sind und daher sonst keine höhere Erziehung genießen könnten. Fast alle Gruppen unterhalten Internate in den großen Städten, die es Schülern aus entlegenen Gegenden ermöglichen, die Schule zu besuchen. Die Investitionen der Minderheit im Bildungswesen sind in jeder Hinsicht beträchtlich. Diese Investitionen kommen jetzt auch der afrikanischen Bevölkerung zugute, nachdem keine Schule mehr ausschließlich für eine Rasse bestimmt ist.

Ähnliches gilt von den Krankenhäusern, von denen ebenfalls viele durch Stiftungen und Spenden asiatischer Kaufleute und durch den persönlichen Einsatz asiatischer Ärzte aufgebaut worden sind. Außer den großen Leistungen der Ismaeliten auf diesem Gebiet mögen hier auch die Social Service League, Nairobi, und die Pandya Memorial Clinic, Mombasa, als typische Beispiele dieser Initiative erwähnt werden. Die Social Service League wurde zur Zeit der Weltwirtschaftskrise im Jahre 1932 gegründet, um den Arbeitslosen durch kostenlose ärztliche Behandlung zu helfen. Später entstand der Plan, ein Krankenhaus zu bauen. Die Liga wurde von Angehörigen verschiedener Gruppen unterstützt; auch Parsen und Goanesen waren sehr aktiv beteiligt. Die Liga unterhält gegenwärtig zwei Krankenhäuser und ein großes medizinisches Laboratorium.

Die Pandya Memorial Clinic verdankt ihre Entstehung dem Einsatz des bekannten Arztes Dr. S. D. Karve, Sohn des berühmten indischen Sozialreformers D. K. Karve. Dr. Karve war Militärarzt im ersten Weltkrieg und wanderte nach der Demobilisierung nach Ostafrika aus. Er machte sich dort als Arzt, Politiker und Sozialreformer einen Namen und übernahm schließlich ehrenamtlich den Aufbau und die Leitung der Pandya Memorial Clinic, die auf seine Anregung von der Familie Pandya zum Andenken an J. B. Pandya gestiftet wurde. Soziale Einrichtungen dieser Art waren oft anfänglich nur zum Wohl der asiatischen Minderheit geschaffen worden, doch wurden sie nach und nach auch in den Dienst der afrikanischen Bevölkerung gestellt.

Ein weiterer Beitrag der asiatischen Minderheit zur sozialen Infrastruktur Ostafrikas ist ganz allgemein der Aufbau der Städte, die zwar in erster Linie der asiatischen Minderheit dienten, die sie prägte, die doch aber wesentlich zur Modernisierung und Erschließung des weiten Landes beigetragen haben. Die Kommunalverwaltung lag in der Kolonialzeit zumeist in den Händen der Europäer, doch stellten die Asiaten die große Zahl der städtischen Steuerzahler. Sie leisteten auch als Stadtväter ehrenamtliche Dienste und halfen mit, eine Tradition des städtischen Gemeinwesens zu begründen und zu verankern.

IV. Das Verhältnis zur europäischen Minderheit

Die aus dem kolonialen System erwachsene Symbiose von europäischer und asiatischer Wirtschaftstätigkeit hat nie zu einer echten Partnerschaft geführt, wie sie sich an anderen Orten, z. B. in Bombay, in den gemeinsamen Firmengründungen europäischer und asiatischer Geschäftsleute ergeben hat. Die meisten europäischen Firmen in Ostafrika waren und sind noch heute Zweigbetriebe großer Gesellschaften, die vom Hauptquartier in London oder einer anderen europäischen Stadt aus dirigiert werden. Sie sind weder in bezug auf Sach- und Ortskenntnis noch um der Kapitalaufnahme willen an einer Zusammenarbeit mit asiatischen Geschäftsleuten interessiert. Diese großen Firmen beherrschten bisher über 90 vH des gesamten Importgeschäftes und hatten sich einen ähnlich großen Anteil am Exportgeschäft gesichert. Auch bei der Kapitalanlage in Immobilien ergab sich keine Möglichkeit zur Zusammenarbeit, zumal vielerorts auf Anordnung der Kolonialregierung die Gebiete, in denen Asiaten und Europäer Grundstücke erwerben durften, voneinander abgegrenzt waren.

Im Bankwesen bestanden ebenfalls keine Möglichkeiten der Partnerschaft. Das Geld- und Kreditgeschäft liegt nach wie vor zum größten Teil in den Händen der großen britischen Handelsbanken (Barclays, National Grindlays u. a.), die mit altgewohnten 90-Tage-Krediten das Importgeschäft und den Ankauf der Rohprodukte finanzieren. Einige indische Banken, vor allem die sehr rührige Bank of Baroda, die auch in Indien selbst einen guten Ruf hat, sind in das afrikanische Geschäft eingestiegen; sie bemühen sich sogar darum, die Afrikaner zur Anlage von Sparkonten zu bewegen. Insgesamt sind die Bereiche europäischer und asiatischer wirtschaftlicher Betätigung aber immer noch streng geschieden.

Diese Trennung von europäischer und asiatischer Wirtschaftstätigkeit ist auch aus den Lohnstatistiken abzulesen. So werden zum Beispiel für Kenya 1962 die folgenden Ziffern angegeben [1]:

	Durchschnittsjahreslohn in Pfund		
	Landwirtschaft	Industrie u. Handel	Öffentl. Dienste
Europäer (m.) . .	955	1143	1606
Asiaten (m.) . . .	450	452	518

Auf diese Weise wird ein großer Teil der Lohnsumme von der verhältnismäßig kleinen europäischen Minderheit in Anspruch genommen. An Löhnen insgesamt wurden in Kenya 1962 ausgezahlt an:

Europäer 27,7 Mill. Pfund,
Asiaten 19,1 Mill. Pfund,
Afrikaner 42,1 Mill. Pfund.

Die Zahl der Erwerbstätigen, auf die sich diese Lohnsummen beziehen, ergaben aber das folgende Bild [2]:

Europäer 19 800,
Asiaten 36 100,
Afrikaner 525 400.

In diesen Zahlen kommen die krassen Unterschiede, die die drei Rassen auf wirtschaftlichem Gebiet trennen, sehr deutlich zum Ausdruck. Diese Differenzen prägen das Bild der Städte, bestimmen das gesellschaftliche Leben und vergiften die politische Atmosphäre.

V. Das Verhältnis zu den Regierungen und die Möglichkeiten für eine Neuordnung des Wirtschaftslebens

Das wirtschaftspolitische Instrumentarium ist für die afrikanischen Staatsmänner bisher noch ein recht ungewohntes Handwerkszeug. Die meisten afrikanischen Politiker sind Pragmatiker; sie haben im Grunde für ideologische Gesichtspunkte wenig übrig, doch können sie nicht umhin, sich durch

[1] S. Government of Kenya, Reported Employment and Earnings in Kenya 1962, The Treasury, Nairobi 1963.

[2] Vgl. hierzu: Government of Tanganyika, Employment and Earnings in Tanganyika, 1961, Dar es Salaam 1962. Aus dieser Veröffentlichung lassen sich für Tanganyika folgende Zahlen entnehmen, die mit den oben zitierten Angaben für Kenya verglichen werden können und eine noch deutlichere Benachteiligung der afrikanischen Erwerbstätigen zeigen: Zahl der Erwerbstätigen: Europäer: 5609 — Asiaten: 10 045 — Afrikaner: 412 092. — Gesamtlohnsumme in Mill. Pfund: Europäer: 8,5 — Asiaten: 6,9 — Afrikaner: 24,4. — Durchschnittl. Jahreslohn pro Kopf in Pfund: Europäer: 1518 — Asiaten: 690 — Afrikaner: 59.

die Frage der Selbstachtung und durch Ressentiments beeinflussen zu lassen. Dieses Ressentiment ist gegenüber den Asiaten, deren Überlegenheitsgefühl die Afrikaner unangenehm berührt, wesentlich stärker als gegenüber den Europäern. Die führende Position der Europäer bekämpft man, aber man stellt sie nicht in Frage. Von den Europäern weiß man auch, daß sie es verstehen sich zu arrangieren. Eine objektive Stellungnahme zur wirtschaftlichen Betätigung der asiatischen Minderheit und eine zielstrebige Politik, um diese Wirtschaftstätigkeit planmäßig in neue Bahnen zu lenken, sind daher von den ostafrikanischen Regierungen nicht sofort zu erwarten.

Ein interessantes Mittel der Anleitung und zur partnerschaftlichen Zusammenführung sind die von den Regierungen gegründeten Development Corporations, die mit privaten Firmen, darunter auch vielen Firmen asiatischer Geschäftsleute, eine Teilhaberschaft eingehen, um bestimmte wesentliche Wirtschaftszweige zu fördern. Diese Art staatlich-privatwirtschaftlicher Partnerschaft ist zunächst die einzige Möglichkeit, auch die Afrikaner ins Geschäft zu bringen, solange es dem einzelnen Afrikaner an Kapital und Geschäftskenntnis fehlt, um eine solche Partnerschaft zu verwirklichen. Verständlicherweise mögen manche Geschäftsleute die Aktivität der Development Corporations mit Mißtrauen betrachten und in ihnen einen ersten Schritt zur Verstaatlichung sehen. Doch wie dem auch sei, dort wo sich eine solche Zusammenarbeit anbietet und entsprechende Gewinne locken, wird sich der Geschäftsmann diesem Angebot kaum verschließen können.

Die Zusammenarbeit hängt natürlich davon ab, daß eine gewisse politische Stabilität erhalten bleibt und daß sich die privaten Unternehmer auf das Wort der Regierung verlassen können. Darüber mögen leicht Zweifel entstehen, und so haben vor kurzem etliche Vertreter der asiatischen Minderheit Kenyas sogar den Vorschlag gemacht, man solle ganz und gar aus dem Geschäftsleben aussteigen und die Betriebe an die Regierungen verkaufen. Dieser Vorschlag richtet sich bewußt nach dem Beispiel des Auskaufs der weißen Siedler in Kenya, die von den hohen Beträgen, die die britische Regierung unter dem Einfluß interessierter Kreise der Regierung von Kenya zur Verfügung stellte, rasch und großzügig entschädigt wurden. Die asiatische Minderheit verfügt jedoch über keine derartig einflußreiche Lobby in Indien oder Pakistan, um sich auf ähnliche Weise schadlos zu halten.

Es ist zu hoffen, daß die Panikstimmung sich wieder legt, und daß sich auf beiden Seiten eine nüchterne Einschätzung der Grenzen und Möglichkeiten der Zusammenarbeit durchsetzt. Was den Personalbedarf angeht, haben die Wirtschaftsplaner bereits Feststellungen getroffen, die in diese Richtung weisen. Der neue Fünfjahresplan von Tanganyika [1] sagt zum Bei-

---

[1] Vgl. United Republic of Tanganyika and Zanzibar, Tanganyika-Five-Year-Plan for Economic and Social Development, 1964—1969. Dar es Salaam 1964, Vol. I, S. 79 und S. 41—43.

spiel deutlich, daß die Zahl der nichtafrikanischen Staatsbürger Tanganyikas in den öffentlichen Diensten in der Planperiode nicht nur nicht abnehmen, sondern sogar ansteigen wird. Auf dem Gebiet des Handels zeigt der Plan, daß selbst bei einer Ausdehnung des genossenschaftlichen Sektors infolge des erwarteten Wachstums des Gesamtvolumens für die etwa 45 000 Einzelhändler, von denen etwa 10 000 Asiaten und 35 000 Afrikaner sind, ein weites Tätigkeitsfeld bleibt.

Der neue Sechsjahresplan von Kenya [1] betont, daß eine größere afrikanische Beteiligung am Wirtschaftsleben am besten durch ein rasches Wachstum der Wirtschaft erreicht werden könne, da auf diese Weise die Chancen der Afrikaner von selbst steigen müssen. Auch dieser Hinweis kann nur bedeuten, daß die Möglichkeiten der asiatischen Minderheit noch nicht erschöpft sind, und daß sie in den nächsten Jahren einen entscheidenden Beitrag zur wirtschaftlichen Entwicklung leisten kann. Was den Bedarf an qualifiziertem Personal betrifft, so konstatiert hier der Kenya-Plan noch drastischer als der Tanganyika-Plan die großen Lücken, die mit den im Lande ausgebildeten Kräften nicht gefüllt werden können. Nur etwa die Hälfte der etwa 18 000 im Jahre 1970 erforderlichen Kräfte mit Universitätsbildung und etwa 46 000 der rd. 85 000 erforderlichen Kräfte mit höherer Schulbildung werden aus den Bildungsanstalten des Landes hervorgehen können. Im Unterschied zum Tanganyika-Plan erwähnt der Kenya-Plan die Rolle der nichtafrikanischen Staatsbürger nicht ausdrücklich in diesem Zusammenhang. Man kann sich jedoch ausrechnen, daß die große Zahl offener Stellen letzten Endes leichter von der asiatischen Minderheit aufzufüllen ist, die es sich leisten kann, die nötigen Bildungsinvestitionen vorzunehmen, als etwa von Hilfswilligen aus den Reihen internationaler Entwicklungsdienste und des Friedenskorps.

Im Zusammenhang mit den Erschütterungen, wie sie die politische Übergangszeit und die Änderung der Wirtschaftsstruktur mit sich bringen, ergeben sich jedoch Situationen, die die besondere Rolle der asiatischen Minderheit in geradezu paradoxer Weise hervorheben und die Hoffnungen der Planer, daß ein allgemeines Wachstum der Wirtschaft automatisch eine größere Beteiligung der afrikanischen Bevölkerung am Wirtschaftsleben mit sich bringen müsse, zumindest vorübergehend ad absurdum führen. Die Zunahme der Arbeitslosigkeit in der afrikanischen Bevölkerung bei gleichzeitigem Wachstum des Sozialprodukts ist eine Erscheinung dieser Art. Und aus der Lohnstatistik des Jahres 1963 für Kenya geht hervor, daß die Asiaten einige hundert Arbeitsplätze mehr als im Vorjahr einnehmen konnten, während die Europäer etwa 2000 einbüßten und für Afrikaner sogar 25 000 Arbeitsplätze weniger ausgewiesen wurden als 1962. Doch haben

[1] Vgl. Government of Kenya, Development Plan, 1964—1970. Nairobi 1964, S. 42 und S. 136.

die an ihren Arbeitsplätzen verbliebenen Afrikaner um rd. 3 Mill. Pfund mehr Löhne ausgezahlt erhalten als die zahlreicheren Arbeitnehmer im Vorjahr. Die Gesamtlohnsumme der Europäer ist um 2 Mill. Pfund zurückgegangen; die der Asiaten hat um 1,5 Mill. Pfund zugenommen, ein Betrag, der weit über die anteilige Lohnsumme der zusätzlich eingestellten Asiaten hinausgeht [1]. Entwicklungen dieser Art werden sich jedoch in Zukunft nicht wiederholen, sobald sich die Wirtschaft von dem Schlag erholt hat, der ihr durch die unerwartet rasche politische Umstellung versetzt wurde. Es bleibt zu hoffen, daß die Krisen der Übergangszeit nicht zu einer Panik und zu kurzsichtigen Reaktionen führen, die das langfristige Wachstum der Wirtschaft beeinträchtigen würden.

[1] Government of Kenya, Economic Survey 1964. Nairobi 1964, S. 40.

D. Die politische Stellung der asiatischen Minderheit

Die politische Stellung der Asiaten ist in jedem der drei Staaten Ostafrikas durch die soziale und konstitutionelle Entwicklung geprägt worden. Dadurch haben sich regionale Differenzierungen ergeben, die den grundsätzlichen Unterschieden dieser drei so verschiedenen politischen Systeme entsprechen. So hat zum Beispiel die Tatsache, daß Kenya eine Kolonie war, die bereits seit Jahrzehnten eine gesetzgebende Versammlung besaß, in der die Asiaten vertreten waren, einen entscheidenden Einfluß auf die Stellung der asiatischen Minderheit. Auch war nur innerhalb dieser bereits sehr ausgeprägten Verfassungsstruktur eine separate Vertretung von mohammedanischen und nicht-mohammedanischen Asiaten von Interesse und wurde daher zum gegebenen Zeitpunkt eingeführt. Dies wiederum trug eine neue Problematik in das politische Leben Kenyas hinein, die den verfassungsmäßig weniger entwickelten Territorien Tanganyika und Uganda fremd blieb. Uganda als Protektorat mit einer starken einheimischen politischen Tradition und Tanganyika als Mandatsgebiet, das sozusagen politisch unter Quarantäne stand, hatten mit ganz anderen politischen Problemen zu kämpfen. Es sollen daher zunächst die drei politischen Systeme im einzelnen dargestellt werden, um an diese Darstellung dann eine vergleichende Betrachtung der Stellung der asiatischen Minderheit in den verschiedenen Staaten anzuschließen.

I. Die drei politischen Systeme Ostafrikas

1. Kenya

Erste Ansätze zu einer gesetzgebenden Versammlung, in der sogar ein Inder vertreten war, gab es in Kenya bereits im Jahre 1906. „Indian Associations" waren schon früher gegründet worden, aber erst im Jahre 1914 erschien es notwendig, eine umfassendere Organisation zu bilden. So entstand der East African Indian National Congress, der seine erste Sitzung unter dem Vorsitz des bereits zuvor erwähnten T. M. Jeevanjee in Mombasa hielt. Die nächste Sitzung fand erst gegen Kriegsende im Jahre 1918 in Nairobi statt. Dann aber verschärften sich die politischen Konflikte. Der Kampf gegen die Vorherrschaft der weißen Siedler begann, und der erste Berufspolitiker der asiatischen Minderheit, M. A. Desai, wurde in kurzer Zeit zum allgemein anerkannten Führer seiner Landsleute.

Desai war erst im Jahre 1915 nach Kenya gekommen und hatte weder als Angestellter eines Handelshauses noch als Gehilfe eines Rechtsanwalts Karriere gemacht; doch im politischen Leben errang er sich durch seine Popularität und sein Organisationstalent bald Rang und Namen. Vor seinem frühen Tod im Jahre 1926 gelang es ihm überall in Kenya, Indian Associations ins Leben zu rufen. Desai war im Jahre 1922 Kongreßpräsident. Im Jahre 1923 gründete er mit anderen indischen Freunden die Zeitschrift „Democrat“, die zum Sprachrohr der asiatischen Minderheit wurde.

Desai versuchte mit allen Mitteln, den Plan der weißen Siedler, aus Kenya ein zweites Südafrika zu machen, zu vereiteln. Der Kampf ging sowohl um die Reservierung des Hochlandes für die weißen Siedler als auch um das Wahlrecht und um die Einwanderungsbeschränkung für Asiaten. Auf dem Gebiet des Wahlrechts forderte die asiatische Minderheit eine gemeinsame Wählerliste mit gleichen Qualifikationen für alle Rassen, mit anderen Worten, ein den Umständen entsprechendes Klassenwahlrecht im Gegensatz zu einem von britischer Seite eingeführten Rassenwahlrecht. Die britischen Siedler fühlten sich durch die politische Aktivität der asiatischen Minderheit so bedroht, daß sie versuchten, einen Boykott aller asiatischen Geschäftsleute zu inszenieren und sogar eine Massendeportation der Asiaten vorschlugen. Erst durch das Eingreifen der britisch-indischen Regierung wurden diese radikalen Pläne entschärft. Der Konflikt führte sowohl die europäische wie die asiatische Minderheit dazu, sich auf ihre eigene Weise mit der Sache der Afrikaner zu identifizieren. Die Briten betonten die „Paramountcy of African Interests“, die Inder aber verbanden sich mit den ersten Ansätzen des afrikanischen Nationalismus und unterstützten Harry Thuku, den Vorläufer Jomo Kenyattas.

Nach diesem Kampf der frühen zwanziger Jahre, der sozusagen mit einem Unentschieden endete, wurde es wieder recht still im politischen Leben. Erst die Pläne der Siedler, auf dem Umweg über eine Integration der drei ostafrikanischen Territorien (Closer Union) eine neue Form der Vorherrschaft zu finden, forderte wiederum die asiatische Opposition heraus. Auch die Landfrage, die nun von den politisch wachen Kikuyus als bedrohlich empfunden wurde, gab der asiatischen Minderheit Anlaß, sich mit den afrikanischen Bestrebungen zu identifizieren.

Die asiatische Minderheit fand in diesen Jahren auch einen neuen politischen Führer, der den früh verstorbenen Desai ersetzte und ihn zunächst an Popularität noch übertraf. Dieser neue Führer war der junge Panjabi-Hindu Isher Dass, der dem Kommunismus nahestand und vom Zeitpunkt seines Eintreffens in Kenya im Jahre 1927 an das politische Leben des Landes entscheidend beeinflußte. Als Jomo Kenyatta im Jahre 1929 nach London reiste, um der britischen Regierung die Beschwerden der Kikuyu in der Landfrage vorzutragen, begleitete ihn Isher Dass. Doch während Kenyatta in England blieb, kehrte Isher Dass bald nach Kenya zurück und wurde dort eines der bedeutendsten Mitglieder der gesetzgebenden Versammlung. Er setzte sich unermüdlich für eine radikale Demokratisierung Kenyas ein, nahm jedoch im zweiten Weltkrieg ein Regierungsamt an, um die Kräftereserven Kenyas im Krieg gegen die Achsenmächte zu aktivieren. Er wurde in diesen Jahren in den Reihen seiner Landsleute unpopulär und fiel schließlich im Jahre 1942 in der Desai Memorial Hall in Nairobi der Kugel eines Attentäters zum Opfer.

Nach Desai und Isher Dass hat die asiatische Minderheit Kenyas keinen Führer von diesem Rang mehr gefunden. Mit dem Ende der Vorherrschaft der beiden radikalen Politiker Nairobis machte sich der Einfluß der gemäßigten Honoratioren Mombasas wieder bemerkbar, und der besonnene Rechtsanwalt A. B. Patel aus Mombasa wurde zum wichtigsten Wortführer der asiatischen Minderheit.

In den Jahren des zweiten Weltkrieges geschah auf politischem Gebiet wenig in Kenya. Allein die Ernennung des ersten afrikanischen Mitglieds der gesetzgebenden Versammlung war bedeutungsvoll, wenn damit auch die afrikanische Beteiligung am verfassungsmäßigen politischen Leben vorerst nur einen symbolischen Charakter hatte. Nach dem Krieg jedoch geriet die politische Front in Bewegung. Kenyatta kehrte im Jahre 1946 zurück. Indien wurde im Jahre 1947 unabhängig, und ein Jahr später traf der erste Vertreter des unabhängigen Indiens in Kenya ein: der brillante und energische Appa Pant, Sohn eines Fürsten aus Maharaschtra und ein Freund Nehrus. Er füllte gewissermaßen die Lücke, die durch Isher Dass' Niedergang und Tod entstanden war. Doch war die Aufgabe, zugleich als Führer der Minderheit und als diplomatischer Vertreter seines Landes zu fungieren, für Pant recht problematisch. Die alteingesessenen Politiker der Minderheit hielten Pant insgeheim für einen Usurpator, der sich die Führung der Minderheit anmaßte, ohne sich doch letztlich mit ihr identifizieren zu können. Es kam hinzu, daß die Politik der indischen Regierung unter dem Einfluß Nehrus auf die Interessen indischer Minderheiten wenig Rücksicht nahm und in erster Linie auf eine hundertprozentige Unterstützung des afrikanischen Nationalismus abzielte. Nehru sagte offen, daß er die asiatische Minderheit in Ostafrika nur als Gast im Hause der Afrikaner betrachte, und daß dieser Gast das Haus verlassen müsse, wenn es der Gastgeber so wolle. Diese Stellungnahme erboste selbst solche Vertreter der asiatischen Minderheit, die sonst in jeder Hinsicht auf der Seite des afrikanischen Nationalismus standen, aber als Angehörige von Familien, die bereits seit mehr als einer Generation Pionierdienste in Ostafrika geleistet hatten, nicht als „Gäste" bezeichnet werden mochten.

Der Ausbruch der Mau-Mau-Unruhen und die Erklärung des Notstandes in Kenya komplizierten die politische Lage auch für die asiatische Minderheit. Viele ihrer Mitglieder unterstützten heimlich die Kikuyus, die sich in die Wälder zurückzogen, mit Nahrungsmitteln u. a. m. Mit der Verschärfung des Konflikts und der Organisation sogenannter loyaler Kikuyu-Verteidigungsgruppen durch die Kolonialmacht nahmen die Unruhen allmählich den Charakter eines Bürgerkrieges an, und die Mitglieder der Minderheit, die in den betreffenden Gebieten ansässig waren, befanden sich in einer Zwangslage. Nachdem der lange unterdrückte afrikanische Nationalismus nun einen so schrecklichen Ausdruck gefunden hatte und es nicht mehr darum ging, ein mehr oder weniger theoretisches Bekenntnis zum afrikanischen Nationalismus abzulegen, wurde es der Minderheit unbehaglich zumute. Die politische Atmosphäre nach der Verurteilung Kenyattas war so gedrückt, daß nicht einmal die afrikanischen Nationalisten sich trauten, offen zu sagen, daß sie Kenyatta weiterhin als ihren Führer betrachteten. Es ist daher nicht verwunderlich, daß auch die asiatische Bevölkerung zwiespältig reagierte. Als dann die afrikanischen Politiker wieder den Mut hatten, sich zu Kenyatta zu bekennen, stimmte auch sie in den Chor mit ein.

Auf dem Gebiet der Verfassung ergaben sich ebenfalls Entwicklungen, die eine zwiespältige Situation hervorriefen. Die alte Forderung der asiatischen Minderheit nach einer gemeinsamen Wählerliste und einer gerechten Verteilung der Sitze in der gesetzgebenden Versammlung wurde zwar nach wie vor aufrechterhalten; doch im Zuge der Entwicklung kam es zu Meinungsverschiedenheiten und Abstrichen. Daß der Mehrheit der Bevölkerung auch die Mehrheit im Parlament zukommen sollte, war theoretisch nicht zu bestreiten. Je näher man aber der Realisierung dieser Forderung kam, um so schwerer konnte man sich an den Gedanken gewöhnen. Es kam hinzu, daß die Kolonialmacht ein Netz von Zwischenlösungen und Ablenkungsmanövern schuf, in dem man sich leicht verstricken konnte. Letzten Endes mußte es dazu kommen, daß sich die Politiker der asiatischen Minderheit auf verschiedene Weise isolierten: die einen, indem sie versuchten, im Interesse der Minderheit gewisse Sicherungen und Übergangslösungen zu fordern, und sich damit die Sympathie der afrikanischen Nationalisten verscherzten; die anderen, indem sie konsequent alle Privilegien für die asiatische Bevölkerung ablehnten und die afrikanischen Nationalisten vorbehaltlos unterstützten, damit aber auch den Anspruch aufgaben, Führer der Minderheit zu sein.

Diese Entwicklung spielte sich in folgenden Phasen ab, die anschließend im einzelnen behandelt werden sollen:

- Die Streitigkeiten um die Einführung getrennter Wählerschaften für Mohammedaner und um die paritätische Besetzung der gesetzgebenden Versammlung, die von den europäischen Siedlern angestrebt wurde (1952).
- Der Übergang von der asiatischen zur afrikanischen Initiative und das Scheitern des Lyttleton-Plans von 1954.
- Das Ringen um eine definitive Stellungnahme zur Lennox-Boyd-Verfassung von 1957.
- Die Meinungsverschiedenheiten der Lancaster House Conference von 1960 und die Gründung der Kenya Freedom Party.
- Die Verschmelzung der Kenya Freedom Party mit der Kenya African National Union und die Umwandlung des Kenya Indian Congress in eine soziale Vereinigung.

In der ersten Phase wurde die asiatische Gruppe durch die Spaltung geschwächt, die die Einführung separater Wählerschaften für die Mohammedaner mit sich brachte. Die europäische Minderheit war sehr an dieser Aufspaltung der asiatischen Minderheit interessiert und unterstützte die mohammedanischen Politiker, die separate Wählerschaften forderten. Die mohammedanischen Politiker wiederum unterstützten dafür die Forderung der europäischen Minderheit, daß die gesetzgebende Versammlung paritätisch, d. h. zu 50 vH mit Mitgliedern der europäischen Minderheit besetzt werden sollte — eine Forderung, der die asiatische Minderheit bisher energisch entgegengetreten war. Die Kompromißlösung eines Verhältniswahlrechts, das eine angemessene Vertretung der Mohammedaner ohne separate Wählerschaften ermöglicht hätte, wurde im Keim erstickt, obwohl sie von einem Komitee der gesetzgebenden Versammlung unter dem Vorsitz des Präsidenten der Versammlung (Speaker's Committee) ausgearbeitet worden war [1].

Die Mohammedaner unterstützten die Europäer jedoch nicht nur in dieser Hinsicht, sondern sie empfahlen darüber hinaus eine Beschränkung der asiatischen Einwanderung, eine Maßnahme, gegen die die Vertreter der asiatischen Minderheit immer protestiert hatten. Der Grund für diese seltsame Stellungnahme der Mohammedaner liegt nahe: Sie gehörten zum großen Teil alten Einwanderungsgruppen an, deren Nachschublinien längst abgerissen waren. Sie waren sich darüber im klaren, daß die unbeschränkte Einwanderung nur das Übergewicht der Hindus vermehren konnte. Die Mohammedaner versuchten ihrerseits, ihren politischen Einfluß zu vergrößern, indem sie die afrikanischen Mohammedaner in ihre Organisation mit einbezogen und betonten, daß sie auch deren Interessen vertreten wollten und keine Rassenschranken anerkennten [2].

In der zweiten Phase kam es zur ersten Begegnung mit der wachsenden Macht der afrikanischen Nationalisten, die die von Kolonialminister Lyttleton gewährten Reformen ablehnten. Von diesem Zeitpunkt an wurde der afrikanische Einfluß auf die Verfassungsentwicklung radikaler und stärker, als der der asiatischen Minderheit. Es wurde zur problematischen Frage im Kreise der asiatischen Politiker, inwieweit sie einen mäßigenden Einfluß geltend machen oder aber den Afrikanern mit radikalem Beispiel vorangehen sollten. Doch wie man sich auch verhalten mochte, ob mäßigend oder radikal, letzten Endes mußte man sich im Stich gelassen fühlen, wenn die

[1] Siehe hierzu Petition of the East African Indian National Congress to the King to disallow Religious Separate Electorates, Nairobi, 10th January 1952, ferner auch East African Indian National Congress (now — The Kenya Indian Congress), Presidential Address by D. D. Puri, Kisumu, October 1952.

[2] Siehe hierzu The East African Muslim Conference, Resolutions passed at the second session held at Nairobi on 27th December 1953.

afrikanischen Nationalisten ihren eigenen Weg gingen. Infolgedessen wuchsen das Mißtrauen und das Gefühl der Unsicherheit.

Dieses Gefühl machte sich in der dritten Phase bereits sehr deutlich bemerkbar. Die Asiaten schienen jetzt das Zünglein an der Waage spielen zu wollen. Manche Anzeichen sprachen sogar dafür, daß sie nun eher mit der europäischen Minderheit gemeinsame Sache machen wollten. Die Ausfälle gegen die Afrikaner, die sich der Kongreßpräsident von 1956, N. S. Mangat, leistete, von dem sich der Kongreß in seiner nächsten Sitzung ausdrücklich distanzieren mußte, schienen einen Stellungswechsel anzudeuten. Schließlich gelang es den asiatischen und afrikanischen Parlamentariern, in der Opposition gegen die Lennox-Boyd-Verfassung noch einmal eine einheitliche Front zu bilden. Es war jedoch typisch, daß die asiatischen Vertreter es sich zuvor von den afrikanischen Vertretern schriftlich geben ließen, daß diese es mit der Ablehnung der Verfassung ernst meinten und sie beim Boykott der Verfassung nicht im Stich lassen würden.

Die vierte Phase, die der Lancaster House Conference von 1960, sah eine völlige Umwertung aller bisherigen politischen Werte. Die afrikanischen Nationalisten waren jetzt kaum noch auf die Hilfestellung der asiatischen Politiker angewiesen. Die unerwartete Beschleunigung der politischen Entwicklung ließ radikale Politiker von gestern als ausgesprochene Reaktionäre erscheinen. Der Kenya Indian Congress schien seinen jahrzehntelangen Kampf um gemeinsame Wählerschaften zu vergessen und setzte sich für wahlrechtliche Sicherungen der Stellung der asiatischen Minderheit ein. Der kluge Kolonialminister MacLeod war nur zu gern bereit, diesen Meinungsäußerungen ein Forum zu verschaffen, um seine Verfassungspläne und Zugeständnisse im Vergleich zu diesen Vorschlägen als um so besser erscheinen zu lassen. Einige radikale Politiker der asiatischen Minderheit, vor allem die der jüngeren Generationen, entrüsteten sich ob dieser Haltung der älteren Führungsschicht und befürchteten, daß bei den afrikanischen Nationalisten der Eindruck entstehen mußte, die asiatische Minderheit habe dem Nationalismus den Rücken gekehrt. Sie unterzeichneten zunächst ein Manifest und gründeten wenige Monate nach der Lancaster House Conference die Kenya Freedom Party, zumal zu diesem Zeitpunkt Nicht-Afrikaner noch nicht Mitglied der Kenya African National Union werden konnten.

Die ältere Führungsschicht, die der Meinung war, auf der Lancaster House Conference nach anfänglichen Bedenken und Gegenvorschlägen schließlich doch zu einem echten Kompromiß gekommen zu sein, war ihrerseits enttäuscht und erbittert darüber, daß afrikanische Nationalisten sofort nach der Rückkehr von der Konferenz alle Ergebnisse der Konferenz in den Wind schlugen und siegesgewiß davon sprachen, daß die britische

Fahne bald niedergeholt werde und daß man gar nicht daran denke, sich mit der im Lancaster House erarbeiteten Verfassungsreform zufrieden zu geben.

Die afrikanischen Nationalisten wie die Führungsschicht der asiatischen Minderheit hatten daher Anlaß genug, sich von der anderen Seite verraten und hintergangen zu fühlen. Die wackere Schar der Kenya Freedom Party konnte kaum hoffen, diese Kluft zu überbrücken, denn sie wurde von beiben Seiten letzten Endes nicht für voll genommen. Für die Afrikaner war sie eine Minderheit in der Minderheit, zwar sympathisch, aber nicht repräsentativ. In der asiatischen Minderheit galt sie bestenfalls als eine Gruppe von Idealisten; doch fehlte es auch nicht an Kritikern, die meinten, daß es sich um eine Gruppe von Politikern handle, die den afrikanischen Nationalisten um des eigenen Vorteils willen nachlaufe.

In der fünften Phase, mit der Gewährung der Unabhängigkeit im Jahre 1962, wurde es um alle diese Gegensätze still. Die Kenya Freedom Party löste sich auf und ihre Mitglieder traten der Kenya African National Union bei, da diese nun auch Nicht-Afrikaner aufnahm. Der Kenya Indian Congress beschloß, den Satz in seiner Verfassung, der besagte, daß es das Ziel des Kongresses sei, „to protect and further the political, economic and social rights of the Indian community in Kenya" durch den Satz „to protect the cultural and social rights of the Indian Community of Kenya" zu ersetzen [1].

Somit erhebt keine Organisation mehr den Anspruch, die politischen und wirtschaftlichen Belange der asiatischen Minderheit zu vertreten. Die Angehörigen der Minderheit sind darauf angewiesen, ihre politischen Belange durch ihre Parlamentsabgeordneten, seien sie nun Asiaten oder Afrikaner, wahrnehmen zu lassen. Doch damit ergibt sich eine neue Problematik: Ist der betreffende Abgeordnete ein Asiate, so wird er es oft als peinlich empfinden, sich für die Asiaten einzusetzen, da man ihm daraus einen Vorwurf machen könnte. Ist er ein Afrikaner, der, wie Tom Mboya, in einem überwiegend von Asiaten bewohnten Wahlkreis gewählt worden ist, so wird er wiederum den Anschein vermeiden wollen, von den Asiaten abhängig zu sein. Selbst jeder andere afrikanische Politiker in einem überwiegend afrikanischen Wahlkreis kann jedoch leicht durch die üble Nachrede verleumdet werden, daß er im Solde der asiatischen Geschäftsleute stehe. Daher hat jeder Abgeordnete, gleich welcher Herkunft, guten Grund, sich von den Asiaten zu distanzieren.

Die Umwandlung Kenyas in einen Einparteistaat macht schließlich die Beachtung der Minderheit völlig überflüssig. Daß viele Asiaten die nun aufgelöste Oppositionspartei KADU (Kenya African Democratic Union)

---

[1] The Kenya Indian Congress, Presidential Address of S. G. Amin, also Resolutions adopted ..., 21 & 22 July 1962, Nairobi 1962, S. 18.

unterstützt hatten, die mit Billigung der Kolonialherren gegründet worden war und als Hauptprogrammpunkt die regionale Autonomie der verschiedenen Stammesgebiete Kenyas vertrat, fällt hierbei auch mit ins Gewicht. Den Afrikanern ist es gelungen, sich zu arrangieren, und der frühere Präsident der KADU, Daniel Arap Moi, wurde Innenminister. Aber den Vertretern der Minderheit kann man es nicht so leicht verzeihen, daß sie Partei genommen haben. Der Einparteistaat wird von manchen Mitgliedern der Minderheit begrüßt, weil er ein für allemal diese Zweifel und Versuchungen zur Parteinahme ausschaltet.

Da die KADU im allgemeinen mehr Widerhall bei den Asiaten fand als die KANU und die mit ihr verbundene asiatische Kenya Freedom Party, hatten die Kikuyu, die fast ausnahmslos die KANU unterstützten, einigen Grund, den Asiaten zu mißtrauen. Doch paradoxerweise waren es oft Stämme wie die Kisii und die Kamba, die am wenigsten Kontakt mit den Asiaten hatten und aus Opposition gegen die Kikuyu die KADU unterstützten, die den Asiaten nicht wohlgesonnen waren. Dagegen beurteilten die Kikuyu, die am meisten mit den Asiaten in Berührung kamen, diese toleranter und wohlwollender [1].

2. Tanganyika/Sansibar

Im Unterschied zu der bereits verhältnismäßig langen und dramatischen politischen Geschichte Kenyas erscheint die Entwicklung in Tanganyika verhältnismäßig spannungslos. Es fehlte dort an einer politisch aktiven weißen Siedlergruppe. Es gab keine dominanten Stämme und keine Landfrage. Die asiatische Minderheit war ebenfalls wesentlich kleiner und verstreuter als in Kenya. Das idyllische Dar es Salaam ließ sich mit einer Metropole von der Art Nairobis nicht vergleichen. Tanganyika war und ist im wesentlichen ein Land großer, leerer Räume mit einigen kaum miteinander in Beziehung stehenden Provinzstädten, ein wenig geeignetes Objekt zur Entfaltung eines regen politischen Lebens. Die britische Mandatsregierung hatte sich hier weit weniger stark engagiert als die Kolonialregierung in Kenya, zumal es lange Zeit nicht feststand, daß dieses Mandat letzen Endes doch mehr als 40 Jahre dauern sollte.

Als nach 1950 ein erster Versuch zur Verfassungsreform in Angriff genommen wurde, arbeitete man praktisch im leeren Raum; denn es gab weder einen deutlichen Widerstand noch echtes Material zur Konstruktion eines politischen Systems. Es bestand eine gewisse afrikanische Selbstverwaltung, die unter dem britischen Regime der „indirekten Herrschaft" herangebildet worden war. Doch zwischen dieser Ebene und der Regierung des Gouverneurs in Dar es Salaam gab es kaum irgendwelche Verbindungs-

[1] Siehe hierzu die Meinungsumfrage in MARCO-Surveys No. 4, März 1961.

glieder. Die Verfassungsreformer stellten sich daher die Aufgabe, zugleich eine sinnvolle Pyramide von Selbstverwaltungsorganen zu entwerfen, eine Dezentralisierung einzuleiten und die europäische und asiatische Minderheit mit der afrikanischen Bevölkerung in die demokratische Verantwortung für die neue Struktur mit einzubeziehen [1]. Den sogenannten „Native Authorities", die in der Regel unter der Oberaufsicht des britischen Bezirkskommissars arbeiteten, wurden demokratische Kreistage zugeordnet, die zu gleichen Teilen aus afrikanischen, asiatischen und europäischen Abgeordneten bestehen sollten. Auf diese Weise wollte man die „multiracial society" politisch verankern.

Die gesetzgebende Versammlung von Tanganyika wurde im Rahmen dieser Reformen so umgestaltet, daß jeder der neun Wahlkreise (Provinzen) des Landes durch jeweils drei Abgeordnete — einen Europäer, einen Afrikaner und einen Asiaten — vertreten war. Die Zahl der sogenannten nichtoffiziellen und nicht-nominierten Abgeordneten wuchs auf diese Weise plötzlich an. Die gesetzgebende Versammlung bestand zwar schon seit 1926 und hatte damals 13 offizielle Abgeordnete (d. h. Regierungsbeamte) und sieben vom Gouverneur ernannte nicht-offizielle Abgeordnete (fünf Europäer und zwei Asiaten). Nach einer geringen Vermehrung der Zahl dieser nominierten Abgeordneten im Jahre 1935 wurden dann bei einer weiteren Vermehrung im Jahre 1945 erstmalig auch Afrikaner als Abgeordnete ernannt.

Die Wahl von Abgeordneten wurde überhaupt erst im Rahmen der neuen Verfassungreform diskutiert, die im Jahre 1951 begonnen und im Jahre 1955 abgeschlossen worden war. Die Wählerschaft wurde im Rahmen dieser Reform zunächst auf 60 000 begrenzt. Die Regierung sicherte sich, wie üblich, weiterhin eine Mehrheit durch die gleichzeitige Vergrößerung der Zahl der offiziellen und nominierten Abgeordneten. Da es noch keine politischen Parteien gab, arbeiteten die Volksvertreter als Opposition in einer Organisation zusammen, die zunächst TUMNO (Tanganyika Unofficial Members Organization) und nach Einführung der Wahlen TEMNO (Tanganyika Elected Members Organization) genannt wurde.

Die Sitzungsperiode der im Jahre 1955 neukonstruierten gesetzgebenden Versammlung endete im Jahre 1958. Inzwischen war der afrikanische Nationalismus auch in Tanganyika erwacht, und die afrikanischen Politiker protestierten gegen die ungerechte Verteilung der Sitze und damit gegen die Parität und die Ideologie der „multiracial society", mit der die Regierung die Verfassungsreform gerechtfertigt hatte. Dieser Protest wurde zum Hauptthema des ersten großen Wahlkampfs (1958), aus dem dann die neue Par-

---

[1] Siehe hierzu Government of Tanganyika, Constitutional Development Commission, Report of the Special Commissioner (Prof. W. J. Mackenzie) appointed to examine matters arising out of the Report of the Committee on Constitutional Development. Dar es Salaam 1953.

tei, die Tanganyika African National Union (TANU) eindeutig als Sieger hervorging.

Die asiatische Minderheit unterstützte in dieser Frage weitgehend die afrikanischen Nationalisten. Sie sah ein, daß es gefährlich war, die Idee der „multiracial society“ mit der unpopulären Formel der Parität zu belasten, die dazu führte, daß die Mehrheit der Bevölkerung eine Minderheit der Abgeordneten stellte. Die zentrale Organisation der asiatischen Minderheit, die Asian Association in Dar es Salaam, arbeitete daher mit der TANU zusammen. Bei den Wahlen von 1958 wurden die meisten asiatischen Abgeordneten mit Unterstützung der TANU gewählt, so daß die TANU eine Mehrheit der gewählten Abgeordneten hatte.

Die Tatsache, daß in Tanganyika gemeinsame Wählerschaften (common roll) bestanden, führte natürlich dazu, daß die afrikanischen Wähler einen entscheidenden Einfluß auf die Wahl der europäischen und asiatischen Abgeordneten hatten. Es lag daher durchaus im Interesse der Asian Association, sich mit der TANU zu arrangieren. Die europäische Minderheit war mit dieser Entwicklung sehr unzufrieden und verlangte eine Sicherung der Vertretung der Minderheiten. Als auf Grund der Wahlergebnisse von 1958 eine Kommission ernannt wurde, die sich mit der Lösung dieser Frage beschäftigen und entsprechende weitere Verfassungsreformen vorschlagen sollte, war allerdings die politische Entwicklung schon soweit fortgeschritten, daß die Einführung separater Wählerschaften für die Minderheiten nicht mehr in Frage kam.

Die Kommission empfahl die Errichtung einer größeren Anzahl von Wahlkreisen, die zumeist nur noch durch einen Abgeordneten vertreten sein sollten. Nur noch in wenigen Wahlkreisen, in denen dies auf Grund der Bevölkerungsstruktur empfehlenswert war, sollten zusätzliche Sitze für Minderheitenvertreter erhalten bleiben. Die gemeinsamen Wählerschaften sollten weiterhin bestehen, doch um sicherzustellen, daß die entsprechenden Minderheitenvertreter nicht nur den afrikanischen Wählern, sondern auch der Minderheit genehm waren, wurde eine größere Zahl von Unterschriften der Angehörigen der Minderheit bei der Aufstellung der Kandidaten gefordert. Insgesamt schuf man 29 Wahlkreise. Der europäischen und der asiatischen Minderheit wurden je acht Vertreter zugesagt. Die Zahl der gewählten Abgeordneten stieg auf 45. Die für die Asiaten reservierten Sitze wurden den neugeschaffenen Wahlkreisen Dar es Salaam, Tanga, Moshi, Arusha, Mwanza, Tabora, Dodoma und Mtwara-Lindi zugeordnet. Zugleich wurde eine Erweiterung des Kreises der Wahlberechtigten beschlossen [1].

---

[1] Siehe hierzu Government of Tanganyika, Report of the Post Elections Committee, 1959. Dar es Salaam 1959. Ferner: Legislative Council of Tanganyika, Post Election Committee — Exchange of Despatches. Dar es Salaam 1959.

Die weitere politische Entwicklung vollzog sich nun mit geradezu atemberaubender Geschwindigkeit, und Tanganyika, das immer als das politisch unterentwickeltste der drei Territorien gegolten hatte, errang seine Unabhängigkeit schneller und reibungsloser als die anderen. Da die Minderheiten entweder zu schwach oder zu einsichtig waren, um dieser Entwicklung irgendwelche Hindernisse zu bereiten, und da die TANU ohne ernstzunehmende Opposition aus den Reihen der Afrikaner und mit einer großen Mehrheit der gewählten Abgeordneten in der gesetzgebenden Versammlung eine eindeutige Linie verfolgen konnte, vermochte sich auch die britische Regierung den politischen Forderungen Tanganyikas nicht verschließen. Bereits im September 1960 wurde der Exekutivrat des Gouverneurs aufgelöst und ein Ministerrat mit Julius Nyerere als „Chief"-Minister gebildet. Die gesetzgebende Versammlung bestand nach dieser Reform aus 71 gewählten Abgeordneten; davon waren 11 Asiaten und 10 Europäer. Dazu kamen 9 nominierte und zwei offizielle Abgeordnete, so daß die Gesamtzahl der Abgeordneten 82 betrug (53 Afrikaner, 13 Asiaten, 16 Europäer). In einer Verfassungskonferenz im März 1961 wurde dann beschlossen, daß im Mai 1961 die völlige interne Selbstverwaltung und im Dezember 1961 die politische Unabhängigkeit gewährt werden sollte [1]. Der Entwicklungszeitraum von der ersten allgemeinen Wahl im Jahr 1958, die sich noch auf eine sehr begrenzte Wählerschaft gründete, bis zur völligen Unabhängigkeit umfaßte also kaum dreieinhalb Jahre.

Der nächste Schritt nach der Unabhängigkeit war die Umwandlung Tanganyikas in eine Republik mit einem System der Präsidialdemokratie, das nach der Ansicht der afrikanischen Politiker den politischen Gegebenheiten des Landes eher entsprach als die von den Briten ererbte parlamentarische Demokratie. Die neue Verfassung trat im Dezember 1962 in Kraft. Sie gibt dem Präsidenten eine eigentümliche Stellung. Er ist nicht Mitglied der Nationalversammlung, wird aber von den Abgeordneten der Nationalversammlung gewählt und ernennt seinerseits einen Vizepräsidenten und eine Reihe von Ministern aus den Reihen der Abgeordneten. Die Amtsperiode des Präsidenten ist an die Sitzungsperiode des Parlaments gebunden [2]. Die Wesenszüge der parlamentarischen und der Präsidialdemokratie sind damit in dieser Verfassung auf besondere Weise verknüpft. Der Präsident hat das Recht, eine Reihe von Abgeordneten zu nominieren, ein Recht, das künftig für die Vertretung der Minderheiten im Parlament von Bedeutung werden könnte. Ist doch die politische Entwicklung in Tanganyika, was wahltechnische Fragen angeht, noch nicht abgeschlossen; es zeichnen sich bereits einige neue Möglichkeiten ab.

---

[1] Siehe hierzu Tanganyika National Assembly, Report of the Tanganyika Constitutional Conference 1961. Dar es Salaam 1961.

[2] Siehe Tanganyika, An Act to declare the Constitution of Tanganyika, 9th Dec. 1962.

Die Struktur des Einparteistaates bedingt, daß es keine eigentliche Wahlfreiheit gibt, da die Wählerschaft nur für die von der einen Partei aufgestellten Kandidaten stimmen kann. Der Wahlvorgang reduziert sich auf diese Weise zu einer Nominierung, und so sind auch die Vertreter der asiatischen Minderheit von der TANU je nach Belieben aufgestellt worden. Jeder, der auf diese Weise von der TANU akzeptiert worden war, hatte praktisch die Wahl bereits gewonnen. Die Asian Association hat im Jahre 1960 ihre politische Tätigkeit eingestellt und es ihren Mitgliedern überlassen, sich individuell um Kandidaturen bei der TANU zu bewerben, ein Entschluß, der es der TANU ermöglichte, die ihr genehmen asiatischen Kandidaten auszuwählen. Die asiatischen Abgeordneten haben denn auch auf Grund von Entscheidungen auf höchster Ebene, zumeist auf persönlichen Wunsch Nyereres, in irgendwelchen Wahlkreisen kandidiert, mit denen sie oft wenig oder gar keine Verbindung hatten. Dieser Prozeß kommt praktisch schon der Nominierung gleich. Sollte bei den nächsten Wahlen das Einparteisystem auf eine Weise liberalisiert werden, daß man es den Wählerschaften freistellt, zwischen mehreren TANU-Kandidaten eine Auswahl zu treffen, so dürften die Chancen asiatischer Kandidaten sinken, und der Rückgriff auf die Nominierung mag dann die einzige Möglichkeit bieten, den asiatischen Abgeordneten die entsprechenden Sitze in der Nationalversammlung zu sichern.

Die kleine Insel Sansibar, das Einfallstor Ostafrikas, ist seit 1964 ein Bestandteil der Republik von Tanganyika und Sansibar (Tanzania) geworden. Es soll daher an dieser Stelle auch kurz auf die politische Stellung der Minderheit auf *Sansibar* eingegangen werden. Der arabische Sultan von Sansibar bediente sich bereits im 19. Jahrhundert der Sachkenntnisse der asiatischen Minderheit, um sein Land zu regieren und den Handel mit Gewürznelken, dem Hauptexportprodukt Sansibars, zu organisieren. Viele alte Familien der asiatischen Minderheit Ostafrikas haben irgendwann einmal auf Sansibar Station gemacht, und noch heute haben vor allem viele Ismaeliten und andere Gujarati-Moslems Verwandte auf der Insel. Die Entwicklung in Sansibar hat daher auf die Stellung der asiatischen Minderheit einen Einfluß, der über die direkten Auswirkungen der Ereignisse auf der Insel weit hinausgeht.

Die Entwicklung, die dazu führte, daß aus dem kleinen Sansibar ein afrikanisches Kuba wurde, hat die asiatische Minderheit in ganz Ostafrika tief beeindruckt und unsicher gemacht. Doch der politische Anschauungsunterricht in Sansibar hat vor allem den Ismaeliten, die immer besonders loyale britische Untertanen waren, auch noch eine andere Lektion erteilt, nämlich die, daß im Ernstfall nicht mit einem britischen Schutz zu rechnen ist und daß selbst der, der einen britischen Paß hat, aber kein echter Brite ist, unter Umständen auf sich allein angewiesen bleibt.

Die asiatische Gruppe auf Sansibar ist zum Opfer der unerträglich angewachsenen Spannungen zwischen der herrschenden arabischen Minderheit und der Masse der afrikanischen Bevölkerung geworden. Diese Spannung entlud sich in einem allgemeinen Haß auf die ethnischen Minderheiten, wobei dann nicht mehr genau zwischen der einen und der anderen Minderheit unterschieden wurde. Die herrschende (arabische) Minderheit stand in wirtschaftlicher Hinsicht als Grundbesitzerschicht in einem starken Gegensatz zur Mehrheit der eingewanderten afrikanischen Arbeiter. Auf politischem Gebiet hatten die Araber (Zanzibar Nationalist Party) versucht, ihre Vorherrschaft durch einen radikalen Nationalismus zu festigen.

Die andere politische Partei der Insel, die Afro-Shirazi Party, die aus einer Interessenverbindung der afrikanischen Einwanderer und einer Gruppe von Alteingesessenen entstanden war, die ihre Herkunft von persischen Kaufleuten aus Shiraz ableiteten, geriet in einen starken Gegensatz zu diesem arabischen Nationalismus. Die Verfassungsentwicklung Sansibars war zurückgeblieben. Als dann die britischen Protektoratsherren Verfassungsreformen einführten, gelang es der arabischen Partei durch allerlei Kunstgriffe, die Macht an sich zu reißen. Schließlich kam es zu einer Spaltung in der arabischen Partei selbst. Die radikaleren jungen Elemente wollten sich mit dem engen Ziel der Machtergreifung nicht zufrieden geben und schossen weit darüber hinaus. Sie fanden in dem radikalen Flügel der Afro-Shirazi Party Bundesgenossen und waren in der Lage, nach der Revolution, die im Grunde ohne Planung und zunächst ohne politische Führung ausbrach, die Macht an sich zu reißen. Man entledigte sich des rechten Flügels der Afro-Shirazi Party, machte aber den alten Parteiführer Karume zum Regierungschef.

Karume war schon seit Jahren von Nyerere unterstützt worden, der die Afro-Shirazi Party mit Wahlhilfe usw. versehen hatte und dem afrikanischen Nationalismus auch auf Sansibar zum Sieg verhelfen wollte. Die radikale Entwicklung auf Sansibar überraschte auch Nyerere. Um nicht jeglichen Einfluß auf diese Entwicklung zu verlieren, entschloß er sich dazu, mit Karume die Föderation der Republiken Tanganyika und Sansibar durchzuführen. Damit übersiedelten einige der radikalen Politiker Sansibars als Staatsminister nach Dar es Salaam. Die Zentralregierung in Dar es Salaam konnte zunächst wenig Einfluß auf die Politik Sansibars ausüben, die hauptsächlich von Beratern aus dem Ostblock bestimmt wurde. Eine allmähliche Besetzung der Verwaltungsposten auf Sansibar mit Beamten aus Tanganyika mag diese Lage ändern. Zunächst aber ergaben sich nicht selten peinliche Situationen, wenn sich zeigte, daß die Autorität der Zentralregierung auf Sansibar nicht anerkannt wurde.

Die asiatische Minderheit Ostafrikas betrachtet diese Entwicklung mit ängstlicher Aufmerksamkeit. In Dar es Salaam, Mombasa und Nairobi sitzen überall Flüchtlinge aus Sansibar, die die Meinungsbildung der asiatischen Bevölkerung zu einem großen Teil bestimmen. Nyereres Experiment wird skeptisch beurteilt. Viele Mitglieder der asiatischen Minderheit hätten wahrscheinlich eine politische Isolierung Sansibars vorgezogen.

Das revolutionäre Regime auf Sansibar ist dazu übergegangen, durch die Einführung einer neuen Steuer die Händler in die Zange zu nehmen. Der Betrag, der dem Staat als Einkommensteuer zufließt, ist nach der Revolution auf die Hälfte zusammengeschmolzen. Dieses Defizit soll nun durch eine Handelssteuer wettgemacht werden, die der Händler nicht auf den Verbraucher abwälzen kann, weil die Regierung die Preise festgelegt hat. Die neue Steuer muß daher in erster Linie von der asiatischen Minderheit getragen werden, die durch die Revolution bereits in ihrem Besitzstand und ihrer Zahl dezimiert worden ist.

Die Bevölkerungszahlen Sansibars (etwa 230 000 Afrikaner, 47 000 Araber, 18 000 Asiaten und rd. 500 Europäer) geben ein deutliches Bild von dem sehr ungleichen Kräfteverhältnis. Die arabische Oligarchie konnte sich nach der allmählichen Einführung von Wahlen nur durch ein Manipulieren der Wahlkreise an der Macht halten. Die Revolution setzte der alten Oligarchie ein Ende.

3. Uganda

Als Protektorat hatte das politische System Ugandas einige Ähnlichkeit mit dem Sansibars. Auch in Uganda bemühten sich die Briten, unter ihrer Schutzherrschaft ein einheimisches Regime zu stabilisieren. Der Sultan von Sansibar ist durch die Revolution aus seinem Lande vertrieben worden, während der Kabaka von Buganda zum Präsidenten von Uganda wurde. Die Lage für die asiatische Minderheit in Sansibar und Uganda entwickelte sich ähnlich unterschiedlich. Während die asiatische Gruppe auf Sansibar durch die Revolution völlig eingeschüchtert wurde, sind die Asiaten Ugandas sicherer und optimistischer als in irgendeinem anderen afrikanischen Land. Der dominierende Stamm Ugandas, die Baganda, sind zwar bei den anderen Stämmen nicht gerade beliebt, waren aber durch ihre große Zahl und ihre wirtschaftliche Macht, ihre politische Tradition und ihre Geschlossenheit der wichtigste Faktor der Politik Ugandas und werden es auch bleiben.

Die Baganda haben durch das unter britischem Einfluß eingeführte „Mailo"-System des privaten Grundbesitzes eine Schicht wohlhabender Bauern entwickelt, die den Grundstock für eine afrikanische Mittelklasse bilden, wie es sie in diesem Maße nirgendwo anders in Ostafrika gibt. Sie waren daher in der Lage, der asiatischen Minderheit selbstsicher entgegenzutreten. Im Lauf der komplizierten politischen Geschichte Ugandas ist es hin und wieder zu Auseinandersetzungen zwischen den Afrikanern und den asiatischen Zuwanderern gekommen; eine Boykottbewegung gegen nichtafrikanische Waren führte zu einer Verbitterung auf beiden Seiten. Aber die Differenzen liegen offen zutage, und die Atmosphäre ist nicht so undurchsichtig wie in den anderen Staaten, wo die Gegensätze noch nicht ausgetragen worden sind, sondern unter der Oberfläche weiter schwelen.

Das Gleichgewicht der Kräfte in der Politik Ugandas hat ebenfalls bewirkt, daß gewisse demokratische Spielregeln befolgt werden müssen und der Minderheit Raum zum Atmen gegeben wird. Dieses Gleichgewicht ergibt sich aus der doppelten Verschränkung der Gegensätze zwischen Buganda und den übrigen Provinzen Ugandas und zwischen protestantischen und katholischen Kräften. Der Kabaka, der traditionelle Herrscher Bugandas und Stammesoberhaupt der Baganda, sowie sein Hofstaat sind protestantischer Konfession. Die katholische Kirche hat jedoch sowohl in Buganda als auch in den anderen Provinzen Ugandas eine große Zahl politisch bewußter Mitglieder, die zumeist die Democratic Party unterstützt haben. Deren Parteichef, Benedicto Kiwanuka, ein prominenter Politiker aus Buganda, trat als erster Ministerpräsident Ugandas und Volkstribun gegen den Kabaka auf. Der Kabaka aber ist zu einem Symbol des Nationalismus der Baganda geworden, vor allem seit ihn der britische Gouverneur im Jahre 1953 hatte deportieren lassen und ihn dann im Jahre 1955 nach erbitterten Streitigkeiten wieder in Amt und Würden einsetzen mußte. Es bildete sich daher in Buganda eine Partei mit dem Namen „Kabaka Yekka" („Nur der Kabaka"), die eine Koalition mit dem in den Außenprovinzen stark vertretenen Uganda People's Congress einging, um die Democratic Party zu schlagen. Ministerpräsident dieser aus fortschrittlichen und traditionalistischen Kräften seltsam gemischten Regierung wurde der gewandte Milton Obote, ein Politiker der Nordprovinz Ugandas.

Die asiatische Minderheit hatte in diesem Zusammenhang eine gewisse Bewegungsfreiheit; sie konnte sich sowohl der einen als auch der anderen Partei anschließen. Etliche asiatische Politiker entdeckten zunächst ihre Sympathien für die Democratic Party, die der Minderheit eine gewisse Toleranz entgegenbrachte und als Regierungspartei recht anziehend wirkte. Mit dem raschen Niedergang der Democratic Party ist es auch um diese Politiker still geworden.

„Kabaka Yekka" erfreut sich besonderer Beliebtheit in den Kreisen der Ismaeliten, die wissen, daß der Kabaka und der Aga Khan gut miteinander auskommen. Frau Shugra Visram, die Gattin des Enkels des berühmten Allidina Visram, gehört zu den von der Kabaka Yekka-Partei ernannten Mitgliedern des Parlaments von Uganda. Der Uganda People's Congress, der zunächst als ausgesprochen afrikanische Partei der asiatischen Minderheit nicht ohne weiteres die Mitgliedschaft ermöglichte, hat heute in seinen Reihen einige Asiaten. Diese gehörten zu der Uganda Action Group, einer politischen Gruppe, die sich etwa mit der Kenya Freedom Party vergleichen läßt und dieser in gewisser Hinsicht als Vorbild diente, da sie bereits im Jahre 1958 gegründet wurde. Sie bestand in erster Linie aus einer Reihe von Jungtürken, von denen einige in London studiert hatten und mit radikalen Ideen nach Uganda zurückgekehrt waren. In dem angesehenen alten Arzt Dr. M. M. Patel fanden sie einen wohlwollenden Fürsprecher. Dr. Patel wurde durch den radikalen Eifer seiner jungen Freunde angesteckt und sagte bald selbst harte Worte über die asiatischen Zucker- und Baumwollmagnaten Ugandas. Das wurde ihm von den konservativen Gruppen der asiatischen Minderheit sehr übel genommen.

Hier wie auch in Kenya isolierten sich die fortschrittlichen Kräfte der asiatischen Minderheit von der Masse ihrer Landsleute. Sie errangen zwar ein gewisses Vertrauen und eine verständnisvolle Sympathie der afrikanischen Politiker, doch wußten diese sehr gut, daß sie es hier mit einer Minderheit der Minderheit zu tun hatten. Konservative Politiker, wie Sir Amar Maini, selbst ein Magnat, Minister in der Regierung Ugandas vor der Unabhängigkeit und jetzt Präsident der zentralen ostafrikanischen gesetzgebenden Versammlung, entsprechen eher dem Leitbild des Wortführers in der asiatischen Minderheit. Maini ist ein kluger und fähiger Mann, aber auch er hat es nicht vermocht, der Minderheit einen Weg in die Zukunft zu weisen.

Die paritätische Nominierung von Vertretern der drei Rassen in der gesetzgebenden Versammlung Ugandas hatte in der Kolonialzeit zu einer verhältnismäßig spannungslosen Entwicklung geführt. Ähnlich wie in Tanganyika fehlte es in Uganda an den Kontroversen, die das politische Leben Kenyas beeinflußten. Die europäische Minderheit Ugandas (etwa 10 000) war noch kleiner als die Tanganyikas (etwa 21 000) und spielte daher keine entscheidende Rolle. Europäischen Großgrundbesitz gab es in Uganda fast gar nicht, und es gab auch keine Gebiete, die für die eine oder andere Rasse reserviert waren. So war in Uganda wie in kaum einem anderen Lande Ostafrikas die asiatische Minderheit tonangebend. Der politische Einfluß der großen Magnaten Madhvani und Mehta und ihre Beiträge zu den Finanzen der Regierungspartei sind daher von größerer Bedeutung als ähnliche Formen der Einflußnahme und Unterstützung in den anderen Staaten Ostafrikas.

Die Organisationen der asiatischen Minderheit in Uganda unterscheiden sich in ihrer Struktur auf Grund der besonderen Gegebenheiten des Landes ebenfalls von den entsprechenden Organisationen in den anderen Staaten Ostafrikas. Es gibt einen Central Council of Indian Associations in Kampala, dem die Indian Associations in den verschiedenen Städten angeschlossen sind. Der Präsident des Councils ist ein Panjabi-Hindu, Mr. Chatrath, der Generalsekretär ein Parse, Mr. Jal Dastoor. Beide gehören also Gruppen an, die in der überwiegend aus Gujarati-Hindu bestehenden asiatischen

Minderheit Ugandas sonst nur wenig Bedeutung haben. Die Leitung der örtlichen Indian Associations liegt denn auch meistens in den Händen der Patel-Gruppe. Die Verbindung der Führungsstellung in den örtlichen Indian Associations mit leitenden Stellungen in religiösen Vereinigungen (Temple Trusts etc.) ist recht häufig. Die Indian Associations werden von den Mohammedanern nicht unterstützt — einige kleinere Gruppen (Boara) ausgenommen. Man hat jedoch keine Veranlassung dazu gesehen, die Indian Associations in Asian Associations umzubilden und so die Mohammedaner mit einzubeziehen; denn die Ismaeliten haben hier wie überall ohnehin ihre eigene Organisation, und andere Mohammedaner gibt es in Uganda nur in sehr geringer Zahl. 1959 bezeichneten sich etwa 6000 der rd. 75 000 Asiaten Ugandas bei der Volkszählung als Pakistani, und ein großer Teil derer, die sich so benannten, dürften Ismaeliten sein.

II. Die Vertretung der asiatischen Minderheit in den Parlamenten

Wie sich aus der Übersicht der verschiedenen politischen Systeme ergibt, war die asiatische Minderheit — oft nach langen Kämpfen — bereits in der Kolonialzeit in den gesetzgebenden Versammlungen vertreten. Es handelte sich zunächst um nominierte Vertreter, in den meisten Fällen also um Honoratioren, die dem Gouverneur repräsentativ erschienen. Nur ganz vereinzelt wurde die Minderheit durch Berufspolitiker vom Schlage eines Isher Dass in den gesetzgebenden Versammlungen der Kolonialzeit vertreten.

Die Einführung von Wahlen änderte an diesem Zustand zunächst nur wenig. Die Wählerschaften waren begrenzt, und getrennte Wählerschaften für die verschiedenen Gruppen und Minderheiten schränkten die politische Arena weiter ein. Erst die Erweiterung der Wählerschaften und die Abschaffung der separaten Wählerschaften schufen ein Forum für demokratische Wahlen, die nun von der Mehrheit der Bevölkerung beherrscht wurden. Damit konnten nur solche Minderheitenvertreter Erfolg haben, die der afrikanischen Mehrheit genehm waren. Die asiatischen Parlamentarier in den ostafrikanischen Parlamenten sind daher zur Zeit fast alle nicht eigentlich „repräsentativ"; sie gehören oft Minderheiten in der Minderheit an oder sie sind Außenseiter in ihrer eigenen Gruppe. Einige Beispiele mögen dies erläutern:

Dr. Fitzval R. S. De Souza (Kenya), geboren 1929 in Bombay, war zunächst Mitglied der Kenya Freedom Party, dann der Kenya African National Union, und ist zur Zeit Vizepräsident des Parlamentes von Kenya, dem er seit 1961 angehört. Dr. De Souza ist Goanese. Er ist ein erfolgreicher Rechtsanwalt und gilt als ein sehr ehrgeiziger Politiker, der nur deshalb zur Zeit Vizepräsident des Parlamentes ist, weil er einen Ministersessel anstrebte, den er jedoch nicht bekam, und einen stellvertretenden Ministerposten (Parliamentary Secretary) ausschlug. Auf die asiatische Minderheit hat er wenig Einfluß. Seine ehemaligen Kollegen von der Kenya Freedom Party nennen ihn mit Respekt, wissen aber auch, daß er durch seinen persönlichen Ehrgeiz die Einheit dieser Partei zerstört hat und in gewisser Weise daran Schuld ist, daß keinem Asiaten ein Ministerposten in der Regierung Kenyas eingeräumt wurde.

Den afrikanischen Politikern ist De Souza zur Zeit noch ein willkommener Bundesgenosse; doch es mag wohl sein, daß man seiner in der Zukunft nicht mehr bedarf. Er gewann die letzte Wahl im Wahlkreis Nairobi Nordwest gegen A. Jamindar, einen anderen asiatischen Kandidaten, mit einer knappen Stimmenmehrheit von 806 Stimmen. Insgesamt errang er rd. 8000 Stimmen in einem Wahlkreis, der etwa 11 000 asiatische, 5000 afrikanische und 2000 europäische Wähler umfaßt. Die asiatische Wählerschaft setzte sich etwa wie folgt zusammen: 2500 Patel, 2500 Shah, 800 Brahmanen, 500 Lohana, 1500 Ismaeliten, 800 Panjabi Hindu, 600 Sikh und 900 Panjabi Moslems sowie eine kleine Gruppe von Goanesen. Die Goanesen und Sikh waren gegen De Souza; für ihn stimmten die Ismaeliten, die offensichtlich Instruktionen hatten, die KANU zu unterstützen, dann auch die Panjabi Hindu und etwa die Hälfte der Shah und der Panjabi Moslems sowie ein großer Teil der afrikanischen Wählerschaft. Wäre er allein auf die asiatische Wählerschaft angewiesen gewesen, so hätte De Souza wahrscheinlich die Wahl verloren. Er bildet so ein Gegenstück zu Tom Mboya, der in einem anderen Wahlkreis Nairobis über seinen asiatischen Gegenkandidaten Mandalia vor allem mit Hilfe der asiatischen Stimmen den Sieg davontrug.

Mit der Errichtung des Einparteistaates in Kenya werden dergleichen Überlegungen in Zukunft uninteressant, und Tom Mboya braucht nicht mehr an seine asiatischen Wähler zu denken, ja er findet es opportun, durch besonders deutliche Kritik an den Asiaten zu beweisen, daß er sich ihnen nicht verpflichtet fühlt. De Souza aber wird entbehrlich, und es steht im Ermessen der Staatspartei, ob man ihm in Zukunft seine bisherigen Dienste lohnen wird; den angestrebten Ministerposten dürfte er wohl nicht mehr erringen.

A. J. Pandya (Kenya), geboren 1917 in Mombasa, Abgeordneter der Kenya African Democratic Union, ist in mancher Hinsicht einer der repräsentativsten asiatischen Parlamentarier. Er ist ein Sohn des berühmten Politikers und Geschäftsmannes J. B. Pandya, eines Gujarati-Brahmanen, der in Mombasa ein großes Handelshaus gründete und als einer der Honoratioren der asiatischen Minderheit in der Kolonialzeit eine bedeutende Rolle spielte. In gewisser Hinsicht ist diese Tradition der Honoratiorenpolitik auf den Sohn übergegangen, der eine gute Erziehung genossen hat und als reicher Erbe und gewandter Rechtsanwalt sowohl die Möglichkeit als auch die Fähigkeiten hat, sich als Vorsitzender zahlreicher Vereinigungen, Handelskammern, Komitees etc. zu bewähren. Er hat jedoch sein politisches Schicksal mit der in der Küstenregion sehr stark vertretenen Kenya African Democratic Union (KADU) verknüpft und stand damit sozusagen auf der falschen Seite.

Amir Jamal (Tanganyika), Staatsminister im Planungsamt des Präsidenten, ist der einzige Asiate Ostafrikas, der ein so hohes politisches Amt innehat. Er ist ein Ismaeli Khoja, gilt aber nicht als ein orthodoxes Mitglied seiner Gruppe, sondern ist eher ein Außenseiter. Er ist sehr intelligent und diplomatisch und kommt daher mit den afrikanischen Politikern gut aus, denen er nie unbequem wird. Er hat den früheren Präsidenten der Asian Association, den brillanten Rechtsanwalt M. Rattansey, in der Gunst der afrikanischen Politiker erfolgreich ausgestochen. Rattansey hatte sich durch seine Verteidigung Nyereres in dem politischen Prozeß, den die Kolonialregierung gegen diesen führte, große Verdienste erworben; im Gegensatz zu Jamal ist er aber ein eigenwilliger Mann, der bei aller Sympathie für den afrikanischen Nationalismus die Interessen der asiatischen Minderheit energisch vertrat, aber auch in dem Ruf steht, eine gewisse Linkstendenz zu verfolgen. Jamal hat wenig Einfluß auf die asiatische Minderheit, und sein Einfluß auf die Regierungsgeschäfte Tanganyikas ist allem Anschein nach auch nicht sehr bedeutend. Als Aushängeschild der Regierung ist jedoch seine Ernennung zum Minister ohne Zweifel von Wert.

Sofia Mustafa (Tanganyika), Abgeordnete für den Wahlkreis Arusha, ist eine der lebhaftesten und liebenswürdigsten Gestalten unter den asiatischen Parlamentariern Ostafrikas. Als Panjabi-Mohammedanerin, die dazu noch der heterodoxen Ahmadiya-Sekte angehört, ist sie in jeder Hinsicht eine Außenseiterin in der asiatischen Minderheit. Sie wurde schon in den ersten Wahlen von der TANU aufgestellt und hat in ihrem Buch „The Tanganyika Way“ die harmonische Entwicklung der Politik Tanganyikas betont. Sie ist auf diese Weise zu einer ausgezeichneten Propagandistin geworden, die die Toleranz der TANU und die Staatskunst Nyereres auf überzeugende Weise darzustellen weiß, da sie aufrichtig daran glaubt, daß das Schicksal der Minderheit in den Händen der Regierungspartei bestens aufgehoben ist.

Diese wenigen Beispiele sollten nur andeuten, daß die parlamentarische Vertretung der asiatischen Minderheit recht problematisch ist. Es wäre ungerecht, wenn man rundweg behaupten würde, daß die asiatischen Parlamentarier nur Marionetten in den Händen der Vertreter der Mehrheit sind. Doch kann man wohl sagen, daß ihre Anwesenheit oder Abwesenheit für die Minderheit letztlich nur von symbolischer Bedeutung ist. Im politischen Machtkampf können die Vertreter der Minderheit keine Rolle spielen, doch ihre Anwesenheit ist ein Zeichen der Toleranz und des guten Willens der Mehrheit. So gesehen liegt es also eher im Interesse der Mehrheit, sich durch diese Geste auszuzeichnen, als im Interesse der Minderheit, auf solche Weise vertreten zu sein.

III. Die Problematik der Staatsbürgerschaft für die asiatische Minderheit

Unter der Kolonialherrschaft hatten die Angehörigen der asiatischen Minderheit mit wenigen Ausnahmen die britische Staatsbürgerschaft oder den Status von Personen unter britischem Schutz (British Protected Persons), der ihnen das Recht gab, einen britischen Reisepaß zu beanspruchen. Einige wenige hatten nach der Unabhängigkeit Indiens und Pakistans die indische oder pakistanische Staatsangehörigkeit angenommen oder, falls sie Neueinwanderer waren, diese Staatsangehörigkeit beibehalten.

Nach der Unabhängigkeit der ostafrikanischen Staaten wurden die Asiaten vor die Entscheidung gestellt, ob sie die Staatsbürgerschaft der neuen Staaten erwerben wollten oder sich weiterhin an die britische Staatsbürgerschaft halten sollten. Die Phasenverschiebung in der Gewährung der Unabhängigkeit hat bewirkt, daß die Zweijahresfrist, die der asiatischen Minderheit als Entscheidungszeitraum gegeben wurde, zunächst in Tanganyika (9. Dez. 1963), dann in Uganda (9. Okt. 1964) und noch ein Jahr später in Kenya (12. Dez. 1965) ablief.

Die Gegebenheiten zu den verschiedenen Zeitpunkten haben natürlich die Entscheidungen der asiatischen Bürger mitbestimmt. Befürchtungen und Erwartungen verschiedener Art erschweren die Entscheidung. Ein weit verbreitetes Vorurteil wird aus der indischen Erfahrung abgeleitet: Da indische Staatsbürger auf Grund der Devisenknappheit Indien kaum verlassen können und ihr Geld nicht frei ins Ausland überweisen dürfen, fürchten die Asiaten Ostafrikas, daß sie in eine ähnliche Lage geraten und mit festgefrorenem Kapital in ihrem kleinen ostafrikanischen Staat sitzenbleiben müssen, wenn sie erst einmal die Staatsbürgerschaft erworben haben.

Die Befürchtungen und Einstellungen sind je nach der wirtschaftlichen Situation des einzelnen verschieden. Hier entsteht eine deutliche Kluft zwischen den reichen Asiaten und dem Mittelstand. Die Reichen haben ihr Kapital zum Teil bereits in beträchtlichem Maße im Ausland angelegt; sie sind sozusagen international mobil. Im Ernstfall können sie Ostafrika ohne weiteres den Rücken kehren. Diese Kreise sind natürlich daran interessiert, sich in der britischen Staatsbürgerschaft eine Brücke zur Welt zu erhalten. Der Mittelstand, dessen wirtschaftliche Existenz mit ihrem Besitz in Ostafrika steht oder fällt, ist dagegen darauf angewiesen, sich nach Forderungen und Vorstellungen der ostafrikanischen Regierungen zu richten.

Eine klare Übersicht über die Zahl der Asiaten, die zu den Staatsangehörigen der ostafrikanischen Staaten zu rechnen ist, kann zum augenblicklichen Zeitpunkt nicht gegeben werden. Ein großer Teil der Angehörigen der jungen Generation ist automatisch Staatsbürger, wenn zumindest ein Elternteil in Ostafrika geboren wurde. Diese „automatischen“ Bürger brauchen sich zunächst ebensowenig wie die afrikanischen Bürger registrieren zu lassen. Nur die Asiaten, auf welche diese automatischen Voraussetzungen nicht zutreffen, müssen die Registration beantragen und sind damit zahlenmäßig erfaßbar. Die afrikanischen Politiker beklagen sich oft über die verhältnismäßig geringe Zahl der auf diese Weise registrierten Bürger und benutzen die Zahlen als Nachweis der mangelnden Loyalität der asiatischen Minderheit. Die Vertreter der Minderheit wiederum neigen dazu, in ihren Gegenargumenten mit geschätzten Zahlen über die automatischen Staatsbürger zu operieren und übertreiben dabei oft ihre Angaben.

Die Zahl derer, die sich um eine Registration bemühten, ist auch deshalb niedrig geblieben, weil zumeist nur der Haushaltsvorstand sich um die Staatsbürgerschaft beworben hat. Die Ehefrauen haben oft den alten Status der British Protected Persons beibehalten. Auf diese Weise hoffen viele asiatische Familien, sich gewissermaßen doppelt zu versichern. Die Bürgerschaft des Ehemannes soll dazu dienen, das Familiengeschäft oder den Beruf als gleichberechtigter Staatsbürger weiterführen zu können. Der Status der Ehefrau aber könnte im Ernstfall dazu benutzt werden, den Besitz zu transferieren, falls sich die Zustände ändern sollten. Einige der Politiker der asiatischen Minderheit, die sich schon immer mit dem afrikanischen Nationalismus identifiziert hatten, haben dagegen demonstrativ mit ihrer ganzen Familie sofort die Staatsbürgerschaft beantragt, sobald ihnen die Möglichkeit dazu gegeben wurde, und so mancher weist stolz darauf hin, daß er z. B. den zweiten oder dritten Paß, der überhaupt in dem betreffenden Land ausgegeben wurde, besitzt. Das aber sind Ausnahmefälle.

Die Handhabung der Staatsangehörigkeitsfrage durch die britischen diplomatischen Vertretungen in Ostafrika hat jedoch manchem Asiaten zu denken gegeben. Vielfach wurde die Ausgabe eines neuen britischen Passes verweigert und komplizierte Forderungen an den Antragsteller gestellt, der nachzuweisen hatte, daß Eltern und Großeltern bereits den gleichen Status hatten usw. Von der indischen Regierung ist bekannt, daß sie die Angehörigen indischer Minderheiten im Ausland nicht dazu ermutigt, sich der Staatsangehörigkeit des betreffenden Landes zu entziehen. In Indien wie auch in den neuen ostafrikanischen Staaten gibt es keine doppelte Staatsbürgerschaft. Indien erkennt nur in solchen Fällen die Möglichkeit einer doppelten Staatsbürgerschaft an, in denen der betreffende eine Staatsbürgerschaft von Geburt her hat und dann die indische durch freie Entscheidung zusätzlich erwirbt, dabei aber die erste Staatsangehörigkeit auf Grund der Bestimmungen des Landes, dessen erste Staatsbürgerschaft er hat, nicht verliert. Die Möglichkeit, daß ein indischer Staatsbürger die indische Staatsangehörigkeit behält, wenn er freiwillig eine andere erwirbt, gibt es nicht — auch dann nicht, wenn das Land, dessen Staatsbürgerschaft er erwirbt, die doppelte Staatsbürgerschaft nicht ausschließt.

Im Unterschied zu manchen anderen Staaten, die gar keinen Wert darauf legen, daß die Minderheit sich um die Staatsbürgerschaft bewirbt (z. B. Indonesien und die chinesische Minderheit, Ceylon und die indische Minderheit), haben die ostafrikanischen Staaten ihrer Minderheitenbevölkerung in dieser Hinsicht keine Schwierigkeiten gemacht, sondern sind ihr entgegengekommen. Die Enttäuschung über die oft recht spürbare Zurückhaltung dieser großzügigen Geste gegenüber ist daher bei den afrikanischen Politikern um so größer. In Kenya ließen sich in den ersten sechs Monaten nach der Unabhängigkeit nur etwa 1500 Asiaten als Staatsbürger registrieren. Freilich spielten in diesem Fall die Revolution in Sansibar und das Gefühl, daß man noch weitere einundeinhalb Jahre Zeit habe, eine entscheidende Rolle. In Tanganyika rechnet man damit, daß vielleicht 40 000 der insgesamt 90 000 Asiaten Staatsbürger von Tanganyika bzw. Tansania geworden sind. In Uganda dürften es etwa 30 000 von über 80 000 sein, wenn man die Schätzzahlen der „automatischen" Bürger mit einbezieht.

Die Unterschiede sind von Gruppe zu Gruppe groß. Die Ismaeliten haben auf Wunsch des Aga Khan überall zu nahezu 80% die Staatsangehörigkeit des betreffenden Staates angenommen. Die Sikh stehen am anderen Ende der Skala; sie haben etwa zu 90% ihren alten Status beibehalten. Die Sikh sind die Gruppe, die am leichtesten den Rückzug antreten kann. Auch gelten sie oft als anti-afrikanisch, da sie als Handarbeiter vielfach in direktem Wettbewerb mit afrikanischen Kräften standen und zum anderen auf Grund historischer Gegebenheiten als treue Bundesgenossen der Briten sich besonders stark mit den Kolonialherren identifizierten. Auch die Ismaeliten haben eine Tradition der Loyalität; doch ist diese nicht an die Briten gebunden, sondern gilt allgemein der Obrigkeit, die Gewalt über sie hat. So haben sie denn auch unter der diplomatischen Leitung des Aga Khan rasch den Übergang von einer Loyalität zur anderen gefunden.

Die Anpassung und Umschichtung der asiatischen Minderheit in Ostafrika ist zur Zeit noch in vollem Gange. Der gesamte Vorgang verdient unsere Aufmerksamkeit; geht es hier doch darum, das Zusammenleben verschiedener Rassen in einem politischen System zu ermöglichen und die wirtschaftliche Umgestaltung eines noch sehr stark kolonial geprägten Entwicklungsgebietes unter optimaler Ausnutzung der Fähigkeiten aller Beteiligten durchzuführen.

E. Ansatzpunkte zu weiteren Forschungsarbeiten

Die asiatische Minderheit in Ostafrika hat auf Grund ihrer besonderen Lage das Interesse verschiedener Forscher erweckt, deren Arbeiten verfolgt werden müssen. Es sei zunächst ein kurzer Überblick über die einzelnen Projekte gegeben, die zur Zeit von verschiedener Seite in Angriff genommen worden sind.

I. Überblick über die Forschungsvorhaben

Symposium über die Rolle der asiatischen Minderheit in Ostafrika (Dharam Ghai u. a.)

Eine Gruppe junger asiatischer Universitätsdozenten in Ostafrika plant eine Sammlung von Aufsätzen, die von dem Dozenten für Wirtschaftswissenschaften an der University of East Africa, Makerere College, Mr. DHARAM GHAI herausgegeben und von einem englischen Verlag veröffentlicht werden soll. Dharam Ghai selbst wird in dieser Sammlung einen Aufsatz über die Rolle der Minderheit in der Wirtschaft veröffentlichen. Sein Bruder YASH GHAI, Dozent in der Law Faculty, University College Dar es Salaam, wird über die zukünftige Gestalt der Minderheit schreiben. SWAMI AGEHANANDA BHARATI (Leopold Fischer) wird über die Änderung der Familienstruktur u. ä. berichten und Dr. RASHMI DESAI einen Bericht über eine Kleinstadt in Uganda geben. (Näheres zu diesen beiden letzteren Projekten weiter unten.) Mr. TANDON, Dozent für politische Wissenschaft, Makerere College, soll sich über die politische Stellung der Minderheit äußern.

Ohne eine Lektüre der Veröffentlichung, die im Jahre 1965 zu erwarten ist, läßt sich kein endgültiges Urteil über dieses Projekt abgeben; doch kann wohl soviel vorausgesagt werden, daß die Veröffentlichung nicht wesentlich mehr als einen allgemeinen Überblick bringen wird, da die einzelnen Beiträge außer der Arbeit von Dr. Desai auf keinen langfristigen Feldforschungen beruhen.

Projekt Dr. Desai

Dr. RASHMI DESAI hat bereits eine interessante Studie über die asiatische Minderheit in England (nordengl. Industriegebiet) veröffentlicht (Londoner Dissertation). Zur Zeit untersucht er die asiatische Einwohnerschaft der kleinen Stadt Soroti in Uganda. Seine Arbeitsmethoden sind hauptsächlich sozialanthropologischer Art. Er bemüht sich um eine Analyse der Führerschaft, der Gruppenzugehörigkeit u. a. m. in dieser kleinen Kreisstadt.

Projekt Swami Agehananda Bharati

Herr LEOPOLD FISCHER, der in Indien die Mönchskutte und den Namen SWAMI AGEHANANDA BHARATI angenommen hat, zur Zeit aber Sozialanthropologie an der Syracuse University (Staat New York) lehrt, hat kürzlich Ostafrika im Rahmen eines Forschungsauftrags besucht. Als Swami wußte er gewisse Kreise der asiatischen Minderheit mit seiner Kenntnis des Sanskrit und Hindi zu beeindrucken. Sein Auftreten hat jedoch in vielen Kreisen auch große Skepsis hervorgerufen. Er bemüht sich wohl um eine Analyse des Wandels der Familienstruktur. Im Unterschied zu dem Projekt von Dr. Desai, das auf langfristiger Feldforschung aufbaut, dürften dagegen Herrn Fischers Forschungsergebnisse weniger ergiebig sein.

Projekt Mangat

Mr. MANGAT ist Lecturer in der historischen Abteilung des University College, Nairobi, und arbeitet an einer Doktorarbeit über die Geschichte der asiatischen Minderheit in Kenya. Er hatte bis Herbst 1964 bereits einiges Material gesammelt, wird aber noch eine geraume Zeit brauchen, um neben seiner Lehrtätigkeit mit dieser Arbeit voranzukommen.

Dissertation S. Morris

Der britische Soziologe S. MORRIS hat eine Dissertation über die asiatische Minderheit geschrieben, die in der London School of Economics eingesehen werden kann, aber bis auf einige Auszüge, die als Aufsätze erschienen, noch nicht veröffentlicht worden ist. Seine Arbeit betont vor allem die formale Analyse der verschiedenen Kastengruppen.

Die Arbeiten des African Studies Department der Universität Delhi

Das von Prof. Dr. S. N. VARMA geleitete African Studies Department der Universität Delhi besteht seit mehr als drei Jahren, hat aber auf Grund personeller und finanzieller Schwierigkeiten bisher noch keine größeren Projekte durchführen können. Doch ist diese Abteilung die einzige dieser Art an einer indischen Universität und verdient daher besondere Beachtung, vor allem auch deshalb, weil Regionalstudien in den Lehrplan der indischen Universitäten bisher noch kaum Eingang gefunden haben.

Die asiatische Minderheit in Ostafrika bietet sich als Studienfeld für diese Abteilung ganz besonders an. Prof. Varma plant zur Zeit eine Studie über die politische Stellung der Minderheit in allen drei ostafrikanischen Staaten und hat die folgenden Doktorarbeiten vergeben:

N. S. Grewal: The Place of the Settler Community of Indian Origin in the Plural Society of Tanganyika under British Administration, 1919—1960 (1964 abgeschlossen und eingereicht).

Manoharlal: The Reorganization of the Civil Services in Tanganyika with special reference to the problem of Africanization in the higher cadre (Mr. Manoharlal ist zur Zeit in Tanganyika).

O. P. Goel: A Sociological Study of a Tanganyika Township (Moshi) (Mr. Goel arbeitet zur Zeit in Moshi).

V. P. Gupta: The Problem of Parliamentary Democracy in Multiracial Kenya (in Vorbereitung).

R. R. Ramchandani: Economic Development of Uganda, 1900—1954 (in Vorbereitung).

G. N. Koul: The Uganda Legislative Council — A Case Study in Colonial Legislature (in Vorbereitung).

K. S. Patel: A Political and Socio-Economic Study of the Settler-Community of Indian Origin in Uganda (in Vorbereitung).

G. Bhattacharyya: Belgian Administration in the Trust-Territories of Ruanda-Urundi (in Vorbereitung).

Ferner läßt Prof. Varma an Hand der im indischen Nationalarchiv vorhandenen Akten des Emigration Departments der britisch-indischen Regierung Material über die Geschichte der indischen Auswanderung nach Ostafrika zusammenstellen. Alle diese Arbeiten sind noch weitgehend im Vorbereitungs- und Planungsstadium. Rasche Ergebnisse sind vorerst nicht zu erwarten.

Das African Studies Department besitzt eine Bibliothek, die vor allem mit den laufenden Nummern einiger hundert Periodica gut versorgt ist, an anderen Hilfsmitteln und an ausgebildeten Mitarbeitern fehlt es noch. Das Hauptinteresse des Department dürfte weiterhin auf dem Gebiet der politischen Wissenschaft liegen. Die Devisenknappheit in Indien macht die Entsendung von Mitarbeitern nach Afrika besonders schwierig. Es ist daher kaum mit einer Intensivierung der Arbeit des Departments zu rechnen. Die Angliederung dieses Departments an die Universität Delhi hat manche Vorteile. Andererseits ist es dadurch nicht zu einer Aufnahme afrikanischer Studien in den Plan der Indian School of International Studies (Sapru House) gekommen, an der alle anderen Regionalstudien betrieben werden.

Die Tätigkeit des Indian Council for Africa

Diese Organisation, die ebenfalls bereits seit über drei Jahren besteht und eine Zeitschrift „*Africa Quarterly*" herausgibt, von der inzwischen drei Jahresbände erschienen sind, ist nicht sehr aktiv. Die Zeitschrift dient im wesentlichen als Forum für wohlgemeinte politische Artikel indischer Honoratioren und ebensolche Beiträge afrikanischer Politiker. Nur gelegentlich erscheint ein Aufsatz, der auf eigener Forschungsarbeit beruht.

Nach dieser Übersicht über die wichtigsten Projekte soll hier eine kurze Liste von Vorschlägen für weitere Forschungen aufgeführt werden, die in ihrer Gliederung den Kapiteln dieses Berichtes folgt.

II. Vorschläge zu weiteren Forschungsarbeiten

1. Demographische Untersuchungen

a) Das statistische Material der Volkszählungen kann als Ausgangspunkt für weitere Untersuchungen dienen. Über Berufsstruktur, Bildungsgang, Mobilität, Ort und Zeit von Geschäftsgründungen, Ausmaß und Zeitraum bestimmter Einwanderungsquellen usw. liegen bisher noch keine Untersuchungen vor. Auch Art und Umfang der Rückwanderung sind bisher nicht untersucht worden.

b) Die Rekonstruktion der Wanderwege einzelner Familien über mehrere Generationen hinweg wäre eine interessante Forschungsaufgabe. Die Abwanderung der entsprechenden Familien aus ihrer indischen Heimat und die Tatsache, daß die Auswanderung nach Ostafrika Teil einer größeren Wanderungsbewegung (Abwanderung z. B. in die indischen Großstädte) war, verdienen ebenfalls näher untersucht zu werden.

2. Struktur und Geschichte einzelner Gruppen

a) Jede der im Bericht behandelten Gruppen hat eine eigene Organisation, deren eingehendere Beschreibung eine dankbare Aufgabe wäre. Es liegt über diese Organisationen bisher kaum eine Veröffentlichung vor. Die Geschichte der von den verschiedenen Organisationen unterhaltenen Schulen, Unterkünfte, Tempel, Krankenhäuser usw. ist ebenfalls sehr interessant. Es dürfte sich auch lohnen, die Verflechtung der Führungsgruppen (Gruppe, Tempel-Trust, Stiftungen etc.) näher zu untersuchen. Vergleichende Darstellungen z. B. der Organisation der Sikh in Indien und Ostafrika könnten ebenfalls interessante Aufschlüsse ergeben.

b) Eine Kombination der unter 1 a) genannten demographischen Untersuchungen mit statistischen Erhebungen über die Siedlungstruktur der verschiedenen Untergruppen wäre zu empfehlen. Bisher ist man in dieser Hinsicht auf grobe Schätzungen angewiesen, da die Volkszählungen die Untergruppen nicht erfassen.

c) Dankbare Forschungsthemen sind der Wandel der Familienstruktur (Übergang von der „Joint Family" zur „Nuclear Family") und die verschiedenen Formen der Eheschließung in der jungen Generation („arranged marriages"): 1. innerhalb der Gruppe in Ostafrika, 2. mit Partnern einer anderen, gleichsprachigen Gruppe in Ostafrika (z. B. Patel — Lohana), 3. mit Partnern anderssprachiger Gruppen (Gujarati — Panjabi), 4. mit einem Ehepartner aus der indischen Heimat.

d) Entgegen der allgemeinen Annahme gibt es bereits Ehen zwischen Afrikanern und Asiaten. Es wäre wichtig, dieses Phänomen genauer zu studieren, vor allem, da von afrikanischer Seite oft angenommen wird, daß die asiatische Minderheit nicht bereit ist, solche Ehen zu dulden.

e) Das Verhältnis der älteren Einwanderungsgruppen (Ismaeliten) zu den neueren Gruppen (z. B. Patel) müßte näher untersucht werden. Die Eingliederung der vielen Neueinwanderer nach dem zweiten Weltkrieg wäre ebenfalls ein interessantes Studienobjekt.

3. Die Rolle der Minderheit in der Wirtschaft

a) Das Studium der Geschichte einzelner wichtiger Firmen wäre von Bedeutung. Diese Firmen verfügen zum Teil über eine beträchtliche Menge von Quellen-Material, das über mehrere Jahrzehnte zurückreicht. Für die Wirtschaftsgeschichte Ostafrikas könnten aus diesen Informationen viele interessante Einzelheiten entnommen werden.

b) Die Beziehungen zwischen den Großhandelsfirmen und ihren Kunden, die örtliche Verteilung und die Schwerpunktbildung (z. B. die Firma in Mombasa, die zum großen Teil Einzelhändler in Tanganyika beliefert) wären zu erforschen. Eventuell könnte man auf diese Weise die Abgrenzung verschiedener Einflußsphären bzw. ihre Überschneidung rekonstruieren.

c) Die Geschichte und die Wirkungsweise der verschiedenen Handelskammern der asiatischen Minderheit, die sich jetzt zum Teil umbenannt haben (z. B. Indian Merchants Chamber, Dar es Salaam, jetzt: Dar es Salaam Merchants Chamber) verdienen eine eingehende Behandlung. Die Beziehungen dieser Handelskammern zu europäischen Handelskammern und den neugegründeten nationalen Handelskammern müssen ebenfalls untersucht werden.

Besonders interessant sind in diesem Zusammenhang auch die Doppelmitgliedschaften asiatischer Kaufleute in mehreren Handelskammern. Es wäre lohnend, diese Doppelmitgliedschaften von dem Gesichtspunkt aus zu analysieren, ob und inwieweit die betreffenden Kaufleute aktiv in den verschiedenen Kammern mitarbeiten und zur Verflechtung der Handelsinteressen beitragen.

d) Eine vergleichende Studie der Geschäftspraktiken afrikanischer und asiatischer Einzelhändler, ihrer Lagerhaltung und der Geschwindigkeit ihres Warenumschlages wäre von Interesse.

e) Die Verdrängung der asiatischen Händler durch Genossenschaften, die vom Staat gefördert werden, ist zur Zeit im Gange und sollte beobachtet werden.

f) Investitionen durch Händler in Fabriken, die Konsumgüter herstellen, laufen jetzt an. Einzeluntersuchungen, vor allem auch in bezug auf die Art und Weise, wie diese Investitionen geplant und vorausberechnet werden können, wären besonders wichtig.

g) Die im Bericht erwähnten Investment-Clubs könnten im Hinblick auf die Motivation der Investierenden, ihre Reaktion auf Informationen usw. untersucht werden.

h) Das Bankwesen Ostafrikas und die Art und Weise der Überprüfung der Kreditwürdigkeit durch Londoner Firmen (confirming houses) wären eine eigene Studie wert.

i) Die Hintergründe der Bankrotterklärungen vieler Handelsfirmen Ostafrikas könnten untersucht werden, um festzustellen, inwieweit diese durch Fehlspekulationen und überzogene Kredite (overtrading) hervorgerufen wurden oder durch den Mangel an Liquidität wegen Kapitalflucht bedingt waren bzw. auf andere Gründe zurückzuführen sind.

j) Die Rolle der asiatischen Minderheit in der Verwaltung (Zahl der Beamten und Angestellten, ihre Funktionen und Rangstufen), in den Dienstleistungsbetrieben und im Bildungswesen (Zahl der asiatischen Lehrer und Dozenten, Gruppenzugehörigkeit, örtliche Konzentration) sollte — eventuell in Zusammenhang mit den unter 1 a) erwähnten demographischen Untersuchungen — genauer definiert werden.

k) Die Einstellung der afrikanischen Politiker und Beamten zur Wirtschaftsgesinnung und Wirtschaftstätigkeit der asiatischen Bevölkerung müßte untersucht werden. Vorurteile und Fehlinformationen über die Rolle der asiatischen Minderheit sind zum Teil mit ähnlichen Vorurteilen auf anderen Gebieten verbunden (z. B. Unkenntnis wirtschaftlicher Vorgänge überhaupt usw.).

m) Die Partnerschaft der staatlichen Development Corporations mit privaten Firmen sollte eingehend dargestellt und analysiert werden, nachdem eine Reihe solcher Projekte in Angriff genommen wurde.

4. Die politische Stellung der asiatischen Minderheit

a) Die Entwicklung der drei politischen Systeme in Kenya, Tanganyika, Uganda und ihr unterschiedlicher Einfluß auf die Stellung der asiatischen Minderheit konnte in diesem Bericht nur kurz angedeutet werden. Eine eingehendere Untersuchung wäre lohnend.

b) Die asiatischen Organisationen, wie etwa der Kenya Indian Congress (früher East African Indian National Congress), können zum Gegenstand von Einzelstudien gemacht werden. Ebenso verdienen Gruppen von der Art der Kenya Freedom Party und der Uganda Action Group eine detaillierte Untersuchung über Stellung und Motivation ihrer Mitglieder, Ursachen der Gründung, Art und Weise des Aufgehens in afrikanischen Parteien, weitere politische Wirksamkeit der Angehörigen dieser Gruppierungen u. a. m.

c) Die Phasenverschiebung der politischen Entwicklung der drei ostafrikanischen Staaten und die Gewährung der Unabhängigkeit in Jahresabständen hat sich als sehr bedeutsam erwiesen und ist nicht ohne Einfluß auf die Stellung der asiatischen Minderheiten in den drei Staaten geblieben. Eine Untersuchung dieser Zusammenhänge wäre wichtig.

d) Die Einwirkung bestimmter politischer Krisen (Revolution auf Sansibar, Meuterei in Dar es Salaam) auf das politische Bewußtsein der asiatischen Minderheit ist von entscheidender Bedeutung. Eine gut programmierte Meinungsumfrage könnte zu interessanten Resultaten führen.

e) Die Frage der Staatsbürgerschaft ist von besonderem Interesse. Eine Erarbeitung genauer Zahlen der registrierten und der „automatischen" Staatsbürger und eine Darstellung der verschiedenen Beweggründe, die für und gegen die Erwerbung der Staatsangehörigkeit sprechen, erscheint uns sehr wichtig. In Tanganyika und Uganda, wo die entsprechenden Entscheidungsfristen bereits abgelaufen sind, können endgültige Erhebungen angestellt werden. In Kenya wäre es von Interesse, zeitig vor dem Ablauf der Entscheidungsfrist eine Meinungsumfrage und eine Motivationsstudie durchzuführen. Hierbei sollten die vorher angeführten Gesichtspunkte [siehe oben 4 a), c), d)] berücksichtigt werden.

f) Alle drei ostafrikanischen Staaten sind entweder bereits Einparteistaaten (Kenya, Tanganyika) oder bereiten sich auf diesen Zustand vor (Uganda). Diese Situation ist von besonderer Bedeutung für die asiatische Minderheit und sollte näher untersucht werden.

5. Themen-Kombinationen

Die verschiedenen Punkte, die in dieser kurzen Übersicht aufgeführt worden sind, können in besonderen Fällen auch zu Themen-Bündeln zusammengefaßt werden. Als besonders lohnend dürften sich folgende Kombinationen erweisen:

a) Untersuchungen zur *Investitionsstruktur*, *Gruppenzugehörigkeit*, Einstellung zur *Politik* und zur *Staatsangehörigkeitsfrage* bestimmter Firmen oder Branchen.

b) Örtliche Verteilung, Berufsstruktur, Staatsangehörigkeit und Gruppenzugehörigkeit von *Neueinwanderern* [eventuelle Unterteilung der Neueinwanderer: 1. nach dem zweiten Weltkrieg, 2. in den letzten fünf Jahren eingewandert, 3. nach der Unabhängigkeit des betreffenden Staates eingewandert].

c) *Mobilität innerhalb Ostafrikas:* Berufsstruktur, Gruppenzugehörigkeit, Zeitpunkt der Einwanderung (zweite Generation, erste Generation, Neueinwanderer) von Asiaten, die 1. innerhalb des betreffenden Staates von einer Provinz in die andere abgewandert sind bzw. in die Hauptstadt gezogen sind und 2. die von einem ostafrikanischen Staat in den anderen abgewandert sind.

d) *Kongruenz von Einstellungstendenzen:* Zum Beispiel Emanzipationsstreben in der Familie, Mitgliedschaft in einer liberalen politischen Gruppe, Annahme der Staatsangehörigkeit des betreffenden Staates, Ablehnung traditioneller Organisationsformen und orthodoxer religiöser Bräuche usf.

Auf der anderen Seite patriarchale Familienstruktur, Mitgliedschaft in traditionellen Verbänden und Ablehnung der liberalen Gruppen, Skepsis in Fragen der Staatsangehörigkeit, orthodoxe Glaubenshaltung u. a. m.

Oder aber Überschneidungen und Abweichungen von eindeutigen Tendenzen: Mitgliedschaft in traditionellen Verbänden, Orthodoxie usw. und zugleich Annahme der Staatsangehörigkeit usf. Diese Kongruenz bzw. diese Überschneidungen von Tendenzen könnten für verschiedene Gruppen, für verschiedene Berufsgruppen usw. auch getrennt untersucht werden.

e) *Selbsteinschätzung der asiatischen Minderheit* in bezug auf 1. Unterschied zu Indien/Pakistan, 2. Unterschied zwischen Europäern, Asiaten und Afrikanern in Ostafrika, 3. Zukunftsaussichten politischer, wirtschaftlicher, sozialer Art. Die Untersuchung könnte nach Gruppen- und Berufszugehörigkeit aufgegliedert werden.

Aus den wenigen hier aufgezählten Kombinationsformen lassen sich zusätzliche Kombinationen ableiten, die zu interessanten Fragestellungen führen können, z. B.:

Stehen Mobilität, Kongruenz von Einstellungstendenzen und bestimmte Formen der Selbsteinschätzung in einem erkennbaren Zusammenhang?

Haben Neueinwanderer bestimmter Gruppen- und Berufszugehörigkeit ähnliche Einstellungen und stimmen sie in ihrer Selbsteinschätzung überein? Sind sie im allgemeinen optimistischer oder fühlen sie, daß ihnen eine Rückwanderung leichter fiele als den Alteingesessenen?

Lassen sich bei Rückwanderern gewisse Ähnlichkeiten der Einstellungstendenzen feststellen (wie etwa Ablehnung liberaler politischer Gruppen, negative Haltung in der Staatsangehörigkeitsfrage, pessimistische Einschätzung der zukünftigen Rolle der asiatischen Minderheit) oder trifft man auf sehr verschiedene Motivationen?

Sind Tendenzen zur Investitionsbereitschaft in Ostafrika notwendigerweise mit einer positiven Einstellung zur Staatsangehörigkeitsfrage und einer optimistischen Beurteilung der politischen Entwicklung verbunden, oder investieren in erster Linie solche Geschäftsleute einen Teil ihres Vermögens in Ostafrika, die es sich — auf Grund einer internationalen Streuung ihrer Anlagen — leisten können, im Hinblick auf rasche Gewinne ein Risiko einzugehen und im Notfall ihre Investitionen in Ostafrika abzuschreiben?

Sind bei der Beantwortung der vorangegangenen Fragen Generationsunterschiede festzustellen, oder spielen sie nur bei einigen Fragen eine Rolle und sind bei anderen irrelevant? Sind solche Generationsunterschiede sowohl bei alteingesessenen Gruppen (d. h. bereits in der dritten Generation in Ostafrika beheimatet) wie auch bei späteren Einwanderungsgruppen (d. h. solche, bei denen die Eltern der jetzt etwa 20jährigen selbst erst als Erwachsene nach Ostafrika eingewandert sind) in gleichem Maße spürbar, oder lassen sich in dieser Hinsicht Gruppenunterschiede feststellen?

Diese Fragen können hier nur aufgeworfen werden in der Hoffnung, daß sie zu einer Reihe von Untersuchungen anregen. Das Studium der Probleme der asiatischen Minderheit in Ostafrika führt zur Beschäftigung mit allgemeinen Fragen der Soziologie der Minderheiten, der Problematik der geldwirtschaftlichen Durchdringung von Entwicklungsländern sowie des gesellschaftlichen und politischen Pluralismus, die weit über den Rahmen Ostafrikas von Bedeutung sind. Ein derartiges Studium regt zur interdisziplinären Zusammenarbeit an und sollte planmäßig gefördert werden.

Bibliographie

I. Regierungsveröffentlichungen

Kenya

Government of Kenya, Statistical Abstract, Nairobi 1958.
— Economic and Statistical Bulletin — Quarterly, 1960—1963, Nairobi.
— Kenya Population Census 1962, Vol. I & II, Nairobi 1963.
— Agricultural Census 1963, Nairobi 1963.
— Kenya African Agricultural Census 1960—1961, Part I & II, Nairobi 1960.
— Labour Department. Annual Report, Nairobi 1964.
— Report of the Development of Settlement, Nairobi 1962—1963.
— Reported Employment and Earnings in Kenya — 1962, Nairobi 1963.
— Economic Survey, Nairobi 1964.
— Development Plan 1964—1970, Nairobi 1964.
— Economic Development of Kenya, Nairobi 1962.
H. M. Stationery Office, Report of the Constitution Commission, London 1963.
— Statutory Instruments — The Kenya Independence Order in Council, London, Dec. 10. 1963.
— East African Royal Commission Report: 1953—1955, London 1958.

Tanganyika/Tansania

Government of Tanganyika, Tanganyika African Census Report, Dar es Salaam 1963.
— Report of Census of the Non-African Population, 1957, Dar es Salaam 1957.
— Statistical Abstract: 1962, Dar es Salaam 1962.
— Tanganyika Citizenship, Dar es Salaam 1961.
— Report of the Africanisation Commission, Dar es Salaam 1963.
— Constitutional Development, Dar es Salaam 1953.
— Act to declare Tanganyika Constitution, London 1962.
— Constitution of Tanganyika, Dar es Salaam 1963.
— Report of the Tanganyika Constitutional Reform Conference, Dar es Salaam 1961.
— Tanganyika National Assembly Paper on Citizenship, Dar es Salaam, 1961.
— Report of the Committee Appointed to Study Government's Proposal Regarding the Qualifications of Voters etc., Dar es Salaam 1959.
— Post-Election Committee Report, Dar es Salaam 1959.
— Tanganyika Five Year Plan for Economic and Social Development 1964—1969, Dar es Salaam 1964.
— High Level Manpower Requirements and Resources in Tanganyika 1962—1967, Dar es Salaam 1963.
— Employment and Earnings in Tanganyika, Dar es Salaam 1962.
— Proposal for Land-Tenure Reform, Dar es Salaam 1962.
— Review of Land-Tenure Policy, Dar es Salaam 1964.
— Development of African Local Government, London 1951.
— Detribalization, Dar es Salaam 1959.
— The Basis for an Integrated System of Education, Dar es Salaam 1960.

Uganda

Government of Uganda, Statistical Abstract, Entebbe 1961.
— Report of the Constitutional Committee, Entebbe 1959.
— A Five Year Development Plan 1955—1960, Entebbe 1955.
— The Advancement of Africans in Trade, Entebbe 1955.
— Annual Report of the Education Department, Entebbe 1960.

II. Veröffentlichungen der Organisationen der asiatischen Minderheit

Arya Samaj, Nairobi, Geschichte des Arya Samaj von Nairobi (Hindi), Nairobi 1963.
— The Arya Samaj, Nairobi 1930.
East African Goan National Assn., Memorandum to the President of Portugal, Nairobi 1955.
East African Indian National Congress (seit 1952 Kenya Indian Congress), Presidential Addresses:
— J. M. Nazareth, Eldoret 1950.
— D. D. Puri, Kisumu 1952.
— S. G. Amin, Mombasa 1958.
— S. G. Amin, Nairobi 1962.
— Constitution, Kisumu 1952.
— Statement of Policy, Nairobi 1955.
— Petition to the King to Disallow Religious Separate Electorates, Nairobi 1952.
— Vervielfältigte Rundschreiben, 1951—1960.
East African Muslim Conference, Resolutions, Nairobi 1953.
Kenya Muslim League, Presidential Address, Zafrud-Deen, Mombasa 1958.
Kenya Freedom Party, Constitution, Oktober 1960.
— Resolutions, Nairobi 1960.
Indian Association, Kampala, Constitution (gegründet 1911).
— Rundschreiben zur Staatsangehörigkeitsfrage etc., Kampala 1964.
Merchants Chamber, Dar es Salaam, Importers and Exporters, 1964.
— Presidential Address, 1964.
Social Service League, Nairobi, Reports, Nairobi 1933 ff.

III. Veröffentlichungen afrikanischer Parteien und Organisationen

African Labour College, Kampala, African Labour Perspective and Ideology (vervielf. Mss.), East African Institute of Social an Cultural Affairs, East Africa Journal, Nairobi 1964.
Tanganyika African National Union, Constitution, Dar es Salaam, n. d.
— Independence Souvenir, Dar es Salaam 1961.
— One Party System of Government, by Dr. Kleruu, Dar es Salaam 1964.
Tanganyika Information Division, The Courage of Reconciliation (by Julius Nyerere) Dar es Salaam 1964.
— Speech of A. H. Jamal at the Saba-Saba-Festival, Dar es Salaam 1964.
Uganda People's Congress, Constitution, Kampala, n. d.

IV. Vervielfältigte Forschungsberichte des East African Institute of Social Research, Makerere College, Kampala

SOFER, C. R.: A Study of the European Community in an East African Town — 1950.
TAYLOR, B. K.: Local and Kinship Organisation in a County of Toro — 1951.
HARRIS, C. C.: Development of Local Councils and Re-organisation of Local Government, Bukoba District — 1952.
MORRIS, H. S.: The Structure of the Indian Community in Kampala — 1953.
WRIGLEY, C. C.: Some Problems of Economic Research — 1954.
FEARN, H.: The Problem of the African Trader — 1955.
APTER, D.: Some Problems of comparative political analysis in Africa — 1956.
PONS, V. G.: The Role of Social Surveys in the Study of African Urbanization — 1957.
ELKAN, E.: Regional Disparities of Income and Taxation in Uganda — 1957.
LOW, D. A.: The Anatomy of Administrative Origins: Uganda 1890—1902 — 1958.
HOWE, C. H. W.: An Experimental Classification of Political Systems — 1958.
EHRLICH, C.: Some Social and Economic Implications of Paternalism in Uganda — 1959.
WALKER, D.: Some Preliminary Reactions to Uganda's Development Plans — 1959.
TANNER, R. E. S.: Conflict within small European Communities in Tanganyika — 1962.
LOFCHIE, M. F.: Party Conflict in Zanzibar: The Origins and Background of Zanzibar Nationalism — 1963.
DAHYA: The „Evil Eye" in an Asian Community in East Africa — 1963.
VAN ARKADIE, B.: The Structure of the Kenya Economy — 1964.
WERLIN, H. H.: The Politics of Nairobi — 1964.
DESAI, R. H.: Leadership in an Asian Community — 1964.

V. Meinungsumfragen der Market Research Company of East Africa, Nairobi (Marco Surveys)

East African Federation.
The Coming Election (Kenya).
Spotlight on the Kenya Elections-Public Opinion Poll, Jan. 1961.
Kenyatta Issue, Public Opinion, March 1961.
East African Survey on Federation, Political Leaders, Labour Legislation, Immigrant Committees, July 1962.
Politics in Kenya, Jan. 1962.
Kenya's Constitutional Issue, May 1961.
Tribalism in Kenya, 1961.
Kenya and Tanganyika Survey, Oct. 1962.
Kenya's Political Issues — Land Question, Immigrant Races etc., Jan. 1961.

VI. Andere Bücher und Aufsätze

ANDREWS, C. F.: Indian Question in East Africa, London 1921.
Barclays Bank/Uganda: An Economic Survey, London 1958.

BLUNDELL, Sir M.: So Rough a Wind: Kenya Memoirs, London 1964.
CARTER, W. M.: Report of the Commission of Inquiry into the Cotton Industry of Uganda, 1929.
CUMPSTON, I. M.: Indians Overseas in British Territory 1834—1854, Oxford 1953.
CUNNINGHAM, J. F.: Uganda and its People, London 1905.
DELF, G.: Asians in East Africa, London 1963.
ELIAS, T. O.: Government and Politics in Africa, Bombay 1961.
ENTHOVEN, R. E.: The Tribes and Castes of Bombay, Bombay 1901.
GHURYE, G. S.: Caste and Class in India, Bombay 1950.
HICKEMAN & DICKINS: Lands and People of East Africa, London 1960.
HOLLINGSWORTH, L. W.: The Asians of East Africa, London 1960.
HUTTON, J. H.: Caste in India, Oxford 2nd Ed. 1951.
HUXLEY, E. & M. PERHAM: Race and Politics in Kenya, London 1962.
INGHAM, KENNETH: The Making of Modern Uganda, London 1958.
JOHNSTON, H.: The Uganda Protectorate, Vol. I & II, London 1902.
KARVE, I.: Kinship Organisation in India, Poona 1953.
LEE, E. C.: Local Taxation (vervielfältigtes Manuskript, Institute of Public Administration), Dar es Salaam 1964.
LOW, D. A. & C. PRATT: Buganda and British Overrule, London 1960.
LUTHULI, et al.: Africa's Freedom, London 1964.
MCAUSLAN, J. P. W.: The Republican Constitution of Tanganyika (Reprint Law Quarterly April 1964).
MORRIS, S.: „Indians in East Africa: A Study in a Plural Society", British Journal of Sociology, Vol. VII, No. 3, 1956.
— „Communal Rivalry among Indians in Uganda", Ibid. Vol. VIII, Nov. 1957.
PANDIT, S.: Asians in East Africa: Who's who, Nairobi 1963.
PANIKKAR, K. M.: Afro-Asians: Their Problem, London 1960.
PRASAD, AMBA: „Indians in East Africa", Africa Quarterly, Vol. 1, No. 1, 1961.
— „People of the Indian Origin in Uganda", Africa Quarterly, Vol. II, No. 4, 1963.
RAJKUMAR, N. V.: Indians Outside India, New Delhi 1951.
RAO, G. R.: „Indian Immigrants in Kenya — A Survey", in Indian Economic Journal, July 1956.
— und Erwiderung hierzu von Chanan Singh in Indian Economic Journal, Januar 1957.
SINGH, DINESH: „Indians in East Africa", Africa Quarterly, Vol. 1, No. 4, 1962.
SINGH, NARAIN, Ed.: Siri Guru Singh Sabha of Nairobi, Nairobi 1963.
VARMA, S. N.: Tanganyika, Delhi 1961.
TAYLOR, J. C.: The Political Development of Tanganyika, London 1963.
THAKUR, N. S., Ed.: Struggle for the Release of Jomo and his Colleagues, Nairobi 1963.
WILKINSON, R. C.: Report on a Visit to Tanganyika in June 1950, Fort Louis 1950.
WILSON, GORDON: Report of a Survey of Problems of Child Welfare in Kenya, Nairobi 1961.
WOOD, SUSAN: Kenya: The Tensions of Progress, Oxford 1963.

Liste der Interviews

I. Interviews mit Angehörigen der asiatischen Minderheit

1. Kenya

a) Nairobi

AMIN, S. G., Rechtsanwalt, Präsident des East African Indian Congress (1946 bis 1948), jetzt Präsident des Kenya Indian Congress (Gujarati Patel).

ARYA, BADRINATH, Gründer des Arya Samaj in Ostafrika (Panjabi Hindu).

BYRAMJEE, J. D., Präsident der Social Service League, Nairobi (Parse).

CHANAN SINGH, Rechtsanwalt, war Präsident der Kenya Freedom Party, ist jetzt Richter am obersten Gerichtshof von Kenya (Panjabi Hindu).

CAPILA, B. R., Direktor einer Versicherungsgesellschaft, Präsident der Indian Association, Nairobi, Vorsitzender der Indian Chamber of Commerce, Nairobi (Panjabi Hindu).

DESAI, J. M., Geschäftsmann und Versicherungsmakler, fördert Partnerschaftsunternehmen afrikanischer und asiatischer Geschäftsleute, war Verbindungsmann der asiatischen Minderheit zur afrikanischen Widerstandsbewegung (Gujarati Patel).

DE SOUZA, F. R. S., Rechtsanwalt, Deputy Speaker, Kenya Parliament, war Mitglied der Kenya Freedom Party (Goanese).

INAMDAR, V. P., Direktor einer britischen Versicherungsgesellschaft (Marathi Brahmane).

KANJI NARANJI, MANGALDAS, Prominenter Geschäftsmann (Lohana).

KANTARIA, G. D., Geschäftsmann, Präsident der Lohana Community (Lohana).

KAPILA, A. R., Rechtsanwalt, verteidigte Jomo Kenyatta im Prozeß von 1952 (Panjabi Hindu).

KAPILA, S., Rechtsanwalt, war Mitglied der Kenya Freedom Party (Panjabi Hindu).

KESHAVJEE, A. V., Vizepräsident der African National Welfare Association, Nairobi (Ismaeli Khoja).

KOLHATKAR, K. A., Schriftsetzer, war Präsident des Maharashtra Mandal, Nairobi (Marathi Brahmane).

KRISHNAN, R., Dozent für Wirtschaftswissenschaften, University College, Nairobi (Südinder).

McMAHON, D. B., Korrespondent der Times of India (Anglo-Inder).

MANGAT, S., Lecturer, historische Abteilung, University College, Nairobi (Sikh).

NARAIN SINGH, Journalist, „Daily Nation" (Sikh).

NATHOO, H. E., Zahnarzt, war Abgeordneter im Legislative Council, Kenya, jetzt stellvertretender Vorsitzender des United Kenya Club, Nairobi (Ismaeli Khoja).

NAZARETH, J. M., Rechtsanwalt, war Abgeordneter im Legislative Council, Kenya, und Präsident des East African Indian Congress (Goanese).

PANDIT, SHANTI, Geschäftsmann und Schriftsteller, war stellvertretender Bürgermeister von Nairobi und General-Sekretär des East African Indian Congress (Gujarati Brahmane).

PATEL, J. B., Arzt, Neueinwanderer (Gujarati Patel).

PINTO, P. G., Abgeordneter im Parlament, Kenya, Mitglied der Kenya African National Union (Goanese).

PANDEY, B. D., Polizeioffizier, im Ruhestand (Uttar Pradesh Brahmane).
RASHID, M., Vizepräsident, Industrial Promotion Services, (Ismaeli Khoja).
RAO, S. S., Rechtsanwalt, war Präsident des Maharashtra Mandal, Nairobi (Marathi Brahmane).
SHAH, K. P., Geschäftsmann, war Generalsekretär der Kenya Freedom Party und Abgeordneter im Legislative Council, Kenya (Visha Oswal).
THAKUR, N. S., Journalist und Schriftsteller (Marathi Brahmane).
TANDON, R. K., High Commissioner Indiens in Kenya (Panjabi Hindu).
ZAFRUD-DEEN, Geschäftsmann und Sägewerksbesitzer, Präsident der Muslim League, Kenya (Panjabi Muslim).

b) Mombasa

AUSTIN, F. C., Geschäftsmann (Parse).
DHALA, FATEHALI, Geschäftsmann und Hotelbesitzer, war Präsident des Supreme Council for Africa und Vorsitzender des Diamond Jubilee Investment Trust der Ismaeli Khoja (Ismaeli Khoja).
DHILLON, S. S., Arzt, Stellvertretender Bürgermeister von Mombasa, war Mitglied der Kenya Freedom Party und Präsident der Sikh Union, Mombasa (Sikh).
EBRAHIM, RAMZAN ALI, Grundstücksmakler und Geldwechsler, Vorsitzender des Wirtschaftsausschusses der Ismaeli Khoja (Ismaeli Khoja).
KAPILA, V., Vertreter einer britischen Automobilfabrik (Panjabi Hindu).
KARVE, S. S., Arzt, früher Indian Medical Service, Gründer der Pandya Memorial Clinic, Mombasa, war Abgeordneter im Legislative Council, Kenya (Marathi Brahmane).
MUSSA JETHA, HASSANALI, Großhändler, Vorsitzender der Handelskammer Mombasa (Ismaeli Khoja).
PANDYA, A. J., Geschäftsmann und Rechtsanwalt, Abgeordneter im Parlament von Kenya, Mitglied der Kenya African Democratic Union (Gujarati Brahmane).
RASHID, ALI, Inhaber eines Reisebüros (Ismaeli Khoja).
SOMJEE, S. H., Arzt, Vorsitzender des Ausschusses für Gesundheitswesen der Ismaeli Khoja (Ismaeli Khoja).
VELLANI, BADRUDDIN, Geschäftsmann (Ismaeli Khoja).

2. Tanganyika

a) Dar es Salaam

AMLOK SINGH, Priester (Granthi) des Sikh Tempels, Dar es Salaam (Sikh).
AWTAR SINGH, Rechtsanwalt, war Präsident der Asian Association, Tanganyika (Sikh).
COOPER, F., Geschäftsmann (Parse).
DASTOOR, P., Rechtsanwalt (Parse).
DEVANI, M. M., Geschäftsmann, Präsident der Dar es Salaam Merchants Chamber (Lohana).
GHAI, Y. P., Lecturer, University College, Dar es Salaam, juristische Abteilung (Panjabi Hindu).
JAMAL, A., Staatsminister, Mitglied der Tanganyika African National Union (Ismaeli Khoja).

Karim, H., Geschäftsmann und Sisalplantagenbesitzer (Ismaeli Khoja).

Karimjee, Abdul, Geschäftsmann, war Präsident des Legislative Council Tanganyika (Bohra).

Kassum, Al Noor, Parliamentary Secretary, Handelsministerium, Tanganyika, Chief Whip, Tanganyika African National Union (Ismaeli Khoja).

Patel, N., Rechtsanwalt, City Solicitor, Stadtverwaltung Dar es Salaam (Gujarati Patel).

Rattansey, M. N., Rechtsanwalt, war Präsident der Asian Association, Dar es Salaam (Ithnasheri Khoja).

Sathe, R., High Commissioner Indiens in Tanganyika (Marathi Brahmane).

Shah, D. S., Geschäftsmann (Visha Oswal).

Tara Singh, Bauingenieur und Bauunternehmer, Präsident der Sikh Association, Dar es Salaam (Sikh).

Udvadia, C. A., Geschäftsmann (Parse).

Vellani, Iqbal, Rechtsanwalt (Ismaeli Khoja).

b) Arusha

Ghatage, P. G., Arzt, Präsident des Rotary Club, Arusha (Marathi Brahmane).

Mustafa, Sophia, Abgeordnete des Parlaments, Tanganyika, Mitglied der Tanganyika African National Union (Panjabi Muslim).

Mustafa, A., Rechtsanwalt (Panjabi Muslim).

Patel, M., Beamter im Ruhestand, war Präsident der Indian Association, Arusha (Gujarati Patel).

Patel, R., Rechtsanwalt, Generalsekretär der Asian Association, Arusha (Gujarati Patel).

Visram, J. T., Geschäftsmann (Saatbohnenexport) (Ithnasheri Khoja).

3. Uganda

Kampala

Chatrath, M. G., Bankangestellter, Barclay's Bank, Präsident des Central Council of Indian Associations, Uganda (Panjabi Hindu).

Dastur, Jal, Versicherungsmakler, Generalsekretär des Central Council of Indian Associations, Uganda (Parse).

Dandekar, V. N., Betriebsleiter, Uganda Sugar Factory Ltd., Lugazi (Marathi Brahmane).

Desai, Rashmi, Soziologe, Makerere College, University of East Africa (Gujarati Patel).

Dhawan, A. S., High Commissioner Indiens in Uganda (Uttar Pradesh Kayastha).

Ghai, D. P., Dozent für Wirtschaftswissenschaften, Makerere College, University of East Africa (Panjabi Hindu).

God Goankar, B. A., Angestellter, Sekretär des Maharashtra Mandal, Kampala (Marathi Brahmane).

Manek, L. P., Redakteur der Gujarati Zeitschrift „Jagruti" (Gujarati Patel).

Neogy, Rajat, Redakteur der Zeitschrift „Transition" (Bengale).

Patel, Dayabhai, Rechtsanwalt, Abgeordneter im Parlament, Uganda, Präsident der Indian Association von Kampala (Gujarati Patel).

PATEL, M. M., Arzt, war Präsident des Central Council of Indian Associations, Abgeordneter im Legislative Council, Uganda, und Vorsitzender der Uganda Action Group (Gujarati Patel).

PATEL, RAMESHBHAI, Rechtsanwalt, Stadtverordneter von Kampala, Mitherausgeber der Zeitschrift „Jagruti" (Gujarati Patel).

TANDON, Y. P., Lecturer, Politische Wissenschaften, Makerere College, University of East Africa (Panjabi Hindu).

VISRAM, HYDER, A., Geschäftsmann (Ismaeli Khoja).

VISRAM, SHUGHRA, Abgeordnete im Parlament, Uganda, Mitglied der „Kabaka Yekka"-Partei (Ismaeli Khoja).

II. Interviews mit afrikanischen Politikern

1. Kenya

GICHURU, J., Finanzminister

MBOYA, T., Justizminister

NGALA, R., Präsident der Küstenregion und Oppositionsführer (KADU) im Parlament Kenyas.

ODINGA, O., Innenminister

2. Tanganyika

ABDUR-REHMAN MOHAMMED (BABU), Staatsminister

LUSINDE, J., Innenminister

NYERERE, J., Staatspräsident

SAPI, A., Parlamentspräsident

SWAI, N., Planungsminister

3. Uganda

KAKONGE, J., Ex-Generalsekretär des Uganda People's Congress

KIWANUKA, J., Abgeordneter, Chief Whip, Uganda People's Congress

Verteilung der asiatischen Bevölkerung in Ostafrika

nach dem Stand der letzten Volkszählungen (um 1960)

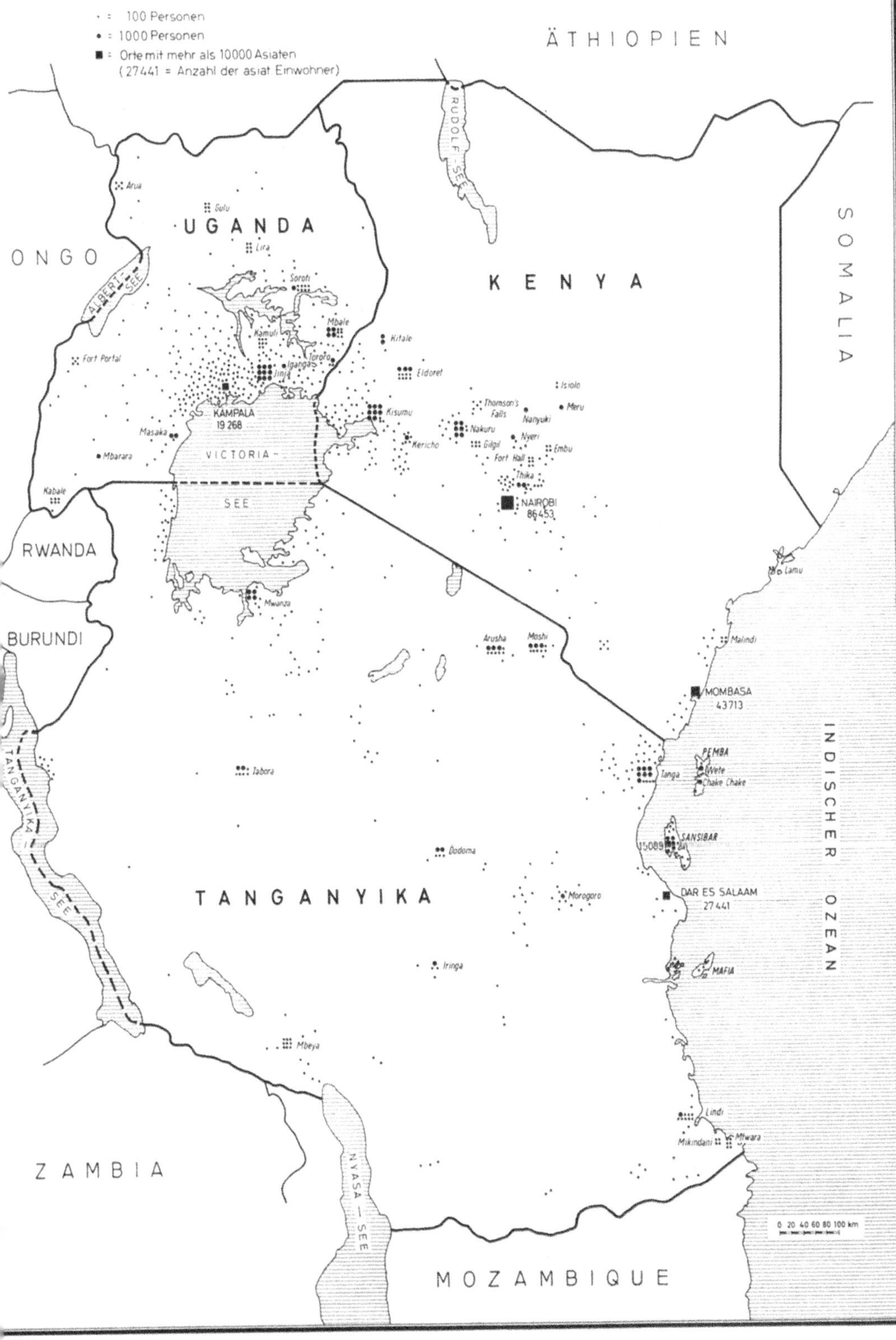